博士（農学）・小松研究事務所代表
小松正 著 Komatsu Tadashi

社会はヒトの感情で進化する

人間行動進化学と行動デザインで社会を変える

Forest 2545 Shinsyo

まえがき

私が本書であなたに伝えたいことは大きく2つあります。

1つは、この20〜30年のあいだに、ヒトの身体と精神がともに進化の産物であるという観点に基づいた研究が成果を上げ、ヒトに対する理解が大きく深まっていることです。もう1つは、そうして解明されたヒトに関する知見を応用して、社会的課題を改善する取り組みが始まっていることです。


第1章では、ヒトの心理や行動を理解するうえで進化の観点が有効であることを述べていきます。ヒトの心理や行動には進化的適応の結果としての偏り（バイアス）があります。こうした表現をなるべく正確に理解していただけるように、生物進化のプロセスとメカニズムについての基本、進化心理学、人間行動進化学、自然主義の誤謬《ごびゅう》、社会生物学論争などの知見について解説します。

第2章のテーマは宗教です。ここでは人間行動進化学に基づいた宗教研究を紹介し、さらに近年注目されているマインドフルネスについても解説します。遺伝学や進化学という自然科学の立場からの宗教研究とは、いったいどのようなものなのか、代表的な研究例について、心理測定尺度などの研究手法も含めて解説します。

第3章は社会的課題を解決する取り組みの紹介です。近年、社会的課題の解決においで行動経済学が注目されていますが、その基盤には進化生物学があることを述べます。ジェンダー格差（女性差別）の是正という社会的課題に関して、成果が確認された先進事例を取り上げ、行動デザインを活用したアプローチがどのように実施されたのかを紹介します。

第4章は同性愛についてです。同性愛に関する遺伝的研究に加えて、同性愛のパラドックスに関連した研究を紹介します。さらに、同性愛者に対する差別や人種・性別による差別など、ヒトには集団間の序列を肯定する傾向があるとする社会的支配理論を紹介します。

第5章は進化医学の紹介です。ヒトの進化の歴史を概観したうえで、ヒトの進化と現代の環境のミスマッチという観点から、さまざまな種類の病気について解説します。また、うつ病の症状は一種の防御反応であり、適応的な性質であるという可能性について紹介します。

第6章では、人間行動進化学や行動経済学の研究成果が、教育現場や医療現場など、さまざまな領域で活用され始めていることを紹介します。さらに、工学や人工知能が生物進化のプロセスやメカニズムを模倣することで発展してきたことも述べます。

宗教・同性愛・ジェンダー格差（女性差別）は近年、日本で話題となりました。これらはいずれも、人間行動進化学の観点に基づくことで興味深い知見が得られるテーマであり、本書で取り上げることとしました。

本書で紹介した研究の関連分野は、医学・教育・工学など多岐にわたります。広範な領域で人間行動進化学の手法や進化という観点が活用されていることがおわかりいただけるでしょう。

今後、人間行動進化学の知見を応用して社会的課題を改善する時代が本格的に到来することが期待されます。本書では、そうした取り組みの先進事例を紹介していきます。

なお、本書の題名である『社会はヒトの感情で進化する』の「進化」は、生物学における進化とは違います。生物学において、進化の定義は「世代を超えて伝える性質の変化」であり、進化は必ずしも進歩を意味しません。

「社会が進化する」という表現における「進化」は、生物学用語としての「進化」とは別物と解釈していただきたいです。

しかし、本書の内容はヒトという生物の進化に大いに関係しています。題名に生物学用語ではない「進化」をあえて採用させていただいたのは、私たちが生きる社会の変化のことを、人間行動進化学になぞらえて「進化」という一般的に理解しやすい言葉に置き換えたダブルミーニングです。

いずれ本書を読み進めていただければ、生物学用語としての進化と日常語の進化の違いを理解していただけることと思います。

本書も本当に多くの方々のご支援によって書き上げることができました。深く感謝いたします。

２０１９年４月９日　著者

社会はヒトの感情で進化する ■ 目次

第2章 ヒトは神を信じたほうが適応的なのか？

第3章 「差別」はヒトの進化の結果!? 進化生物学、進化心理学から行動経済学へ

第4章 同性愛は生産性がない!? ヒトの行動の生物学的理解と自然主義の誤謬

第5章 「進化医学」の現在

第6章 進化する「教育・医療現場、人工知能」

第1章

ヒトの心理や行動は「進化生物学」で理解できるのか？

本書では、ヒトも他の動物と同様に、その心理や行動の理解に進化の観点が有効であることを示していきます。そうした解説を正しく理解してもらうための準備として、第1章では生物進化と人間行動進化学の基礎知識について説明します。

(1) 進化とは何か？

進化には「世代を超えて伝わる」ことが必要

「進化」という語は日常的には、より高等な状態へ変化するという意味で用いられることが多いです。しかし、こうした用いられ方は生物学での進化の定義とは異なっており、さまざまな誤解や混乱の原因となっています。

生物学における進化の定義は**「世代を超えて伝わる性質に生じる変化」**です（河田、1990年）。世代を超えて伝わる性質は**「遺伝的性質」**と呼ばれます。新しい性質が子孫世代に伝わり、集団中に広まり、その種の新しい性質として定着することによって進化は生じます。

ある世代において新たに生じた性質がいかに革新的なものであっても、その性質が子孫世代に伝わらないのであれば進化ではありません。

このようなプロセスで集団中に広まった性質によって、個体の環境に対する適応の度合いが高まる場合があります。これはたしかに進化です。

一方、ヒトの虫垂《ちゅうすい》（一般に虫垂炎と呼ばれる手術の対象になる盲腸の後内側表面から突起状に垂れ下がった細長い器官）のように、もはや特別な機能を持たなくなった器官が、世代を経るにつれて徐々に縮退していくような場合もあります。これもまた進化と言えます。

すべての進化が目に見えるわけではありません。遺伝子のなかには表現型（対をなす塩基配列の対立遺伝子の組み合わせを遺伝子型と言い、遺伝子型に対応する個々の観察できる形質タイプを表現型と言う）に何も影響を与えない領域があります。そうした領域の遺伝子に生じた塩基配列の変化は、外から観察することはできません。

生殖細胞の遺伝子のそうした領域に生じた塩基配列の変化は、表現型には影響しないものの、のちの世代に伝わっていきます。これもまた進化なのです。

進化は個体の突然変異から始まる

突然変異とは、それまでは見られなかった新しい性質を持つ個体が集団中に出現することです。こうした突然変異が進化にとって重要なのは、突然変異が進化の最初のステップとなるからです。

突然変異は、生殖細胞である精子や卵子が形成される過程で生じます。主な原因は、遺伝子の本体であるDNAの複製ミスや、染色体の一部の欠損・重複です。生物の性質は通常何らかの役割を担っているので、ほとんどの場合、突然変異によって生じた性質の変化は生物個体にとって有害です。

ただし、まれにDNAの配列に生じた〝ミス〟が、その生物個体の生存や繁殖にむしろ有利となる場合があります。その場合、その突然変異によって生じた性質は、世代を繰り返すにつれて集団中で頻度を増やしていきます。こうして、ついには突然変異によって生じた性質が種全体の標準的な性質となります。

しかし、一個体に突然変異が生じたとして、その後に突然変異はどうやって集団全体に広まっていくのでしょうか？

進化のメカニズムについての研究は、まさにこの問いに答えようとするものです。そして、このメカニズムを説明する理論として最も重要なものが**「自然選択の理論」**です。

自然選択は、チャールズ・ダーウィンによって1859年に初めて提唱され、1世紀半にわたるさまざまな検証を経て、今日でもなお進化理論の中心的存在です。ダーウィンが自然選択の理論を提唱した頃には、メンデルの法則はまだ発表されておらず、遺伝の仕組みは未解明でした。このことを考えると、ダーウィンの業績がいかに偉大であったかがわかるでしょう。

エスパニョーラ島で生じたゾウガメの進化

自然選択とは、集団中の一個体に生じた突然変異が集団全体に広まっていくメカニズムです。たとえば、ガラパゴス諸島（Galápagos Islands）にはゾウガメが生息していて、ガラパゴスゾウガメと呼ばれています。

ガラパゴスゾウガメには複数の種（亜種とする説もある）が存在します。甲羅《こうら》の形状は鞍型《くら》、ドーム型、中間型の3種類に分かれます。鞍型の甲羅は前方が上方に反り返った形となっており、首を上に高く伸ばすことができます。鞍型の種は乾燥した標高の低い場所、ドーム型の種は湿度が高く気温の低い高所に生息する傾向があります（Chiari et al., 2017.）。

また、エスパニョーラ島（Española Island）に生息するエスパニョーラゾウガメは、鞍型の甲羅を持っています。エスパニョーラ島にはゾウガメの食糧となる植物が少なく、ゾウガメは低木やサボテンを餌《えさ》としています。

エスパニョーラゾウガメの場合、甲羅が鞍型であることは自然選択の理論を用いて以下のように説明できます。

①甲羅の形状は個体により異なっている（個体変異）。

②甲羅の形状の違いは遺伝子の影響を受けるため、鞍型の甲羅の親からは鞍型の

子が生まれる傾向がある（遺伝性）。

③低木やサボテンなどを主な餌とする島では、鞍型の甲羅（前方が上方に反り返っている）の個体は容易に餌を食べることができ、他の形状の甲羅を持つ個体よりも生存率が高くなり、多くの子孫を残す（適応度の個体差）。

自然選択のプロセスは、エスパニョーラ島に生息するエスパニョーラゾウガメに、個体間の甲羅の形の違いを作り出す遺伝的な突然変異が生じることから始まります。

こうした突然変異によって生じる違いを**「個体変異」**と呼びます。

突然変異によって生じる性質の違い（甲羅の形）は、（少なくとも部分的には）遺伝的であるため、子も同じ性質をある程度受け継ぎます。

エスパニョーラゾウガメにおける鞍型の甲羅のように、ある遺伝的な性質が個体の生存率を高めるとき、その個体が繁殖できる確率も高まります。そのため次の世代では、集団内で鞍型の甲羅を持つ子の数が増加し、その子が繁殖する確率もまた高くなります。こうして、毎世代、鞍型の甲羅を持つ個体の数が増加することになります。

低木やサボテンが主な餌であるエスパニョーラ島は、前方が上方に反り返った鞍型の甲羅の個体は、首を上に高く伸ばすことができるため、容易に餌を食べることができます。そのため、他の形状の甲羅を持つ個体よりも生存率が高くなり、鞍型の甲羅の子をより多く生み出します。

エスパニョーラ島ではその一方で、ドーム型の甲羅の個体は生存率が低く、そのため子を残す確率も低くなり、その子が繁殖する確率もまた低くなります。ドーム型の甲羅という性質を引き継ぐ子孫の数が減少するにつれて、エスパニョーラ島に生息する集団中にドーム型の甲羅を持つ個体は見られなくなります。

こうして、ついには鞍型の甲羅という性質がエスパニョーラ島に生息するエスパニョーラゾウガメの集団全体に広がっていくのです。

自然選択においては「適応度」が重要

個体の「適応度」という概念があります。のちに述べるように、適応度には個体差があり、この適応度の個体差が自然選択の働く条件として重要です。適応度の定義は、次世代に残す子どもの数の期待値です。

個体の適応度はその個体の生存率と繁殖率という2つの要因によって定まります。生存率とはその個体が繁殖可能な成体になるまで生き延びる確率であり、繁殖率とは各個体によって生み出される子どもの数の平均値です。

こうして、個体の適応度、すなわち、その個体の生存率と繁殖率を掛けた値は、次世代に残す子どもの数の期待値になります。

適応度＝生存率×繁殖率

適応度は進化において非常に重要な概念です。生存や繁殖というキーワードから、他個体を押し退けてでも自分が生き残るための競争に有利となる性質のみが、世代を超えて引き継がれることになると考える人もいるでしょう。

しかし、常にそうであるわけではありません。環境（食物や外敵の状況など）によっては、競争するよりも、種内の個体同士で協力したり他種と共生したりするほうが生存戦略や繁殖戦略として優れている場合があり得ます。

ある生物個体のある性質が何の役に立つのかについては、さまざまな可能性が考えられます。その性質は他の生物個体と競争することに役立つかもしれないし、協同することに役立つかもしれないし、共生することに役立つかもしれません。

ある性質が結果として個体の適応度を高める、すなわち次世代に残す子どもの数をより増やすのであれば、それがどのような性質であろうとも、その性質はのちの世代に引き継がれ、集団中で頻度を高めていきます。その性質を持つ個体が行っている行動の種類が、競争でも協同でも共生でも、それは本質的な問題ではないということが言えるのです。

ヒトの性格や行動も遺伝子の影響を受ける

ヒトが生まれて成長する過程で、その性格や行動傾向の形成に環境の影響を受けることは言うまでもありません。しかし、今日ではその一方で、ヒトの性格や行動傾向に影響する遺伝子が存在することも明らかとなっています。

代表的なものは**「D４DR遺伝子」**です。DRとは中枢神経系の機能を調節するドーパミンレセプターのことです。D４DRとはそのドーパミンレセプターの１つであるD４レセプターのことを示します。

D４DR遺伝子とはD４DRをコードする遺伝子で、特徴的な繰り返し配列を持っています。興味深いのは、その繰り返し数に個人差があることです。繰り返し数には個人により2～12回のばらつきがあります。

このD４DR遺伝子の繰り返し数が新奇性を追求する性格と関連しているという報告が、１９９６年に米国とイスラエルの研究チームによりなされました（Ebstein et al., 1996.; Benjamin et al., 1996.）。

新奇性追求とは心理学で用いられる用語で、新しい物事に興味を持ち積極的に挑戦する好奇心旺盛《おうせい》なありようのことです。

新奇性追求の高い人はD4DR遺伝子の繰り返し数が有意に多い傾向のあることが、性格テストと遺伝子調査によって確認されました。

繰り返し数が多いD4DR遺伝子を持つ人は、情報伝達に関わる物質が神経細胞内部でより多く生成されます。この物質が多くなることにより新奇性追求の傾向が促進されるという可能性が考えられます。

また、D4DR遺伝子の繰り返し数は、人種によって異なることが知られています。欧米人の場合、繰り返し数が4回の人と7回の人が多く、調査の結果、7回の繰り返し数の遺伝子を持つ人のほうが新奇性追求の傾向が強いことがわかっています。

一方、日本人はD4DR遺伝子の繰り返しが少ない（2〜4回）という報告があります。日本人はよく大人しい国民性だと言われますが、そこには文化的な背景だけではなく、D4DR遺伝子による影響もあるのかもしれません。

こうした研究結果から、ヒトの性格や行動傾向は環境だけでなく、遺伝子の影響も受けており、それゆえに、自然選択によって変化（進化）する可能性があることがわかるのです。

春になると鳥がさえずる進化的要因とは？

四季のある地域では、春になると鳥たちのさえずりが聞かれるようになります。さえずりとは、鳥のオスが発する甲高い鳴き声のことです。

なぜ、鳥たちは春になるとさえずりを発するようになるのでしょう？

1つの答えは、体内のホルモンに関するものです。「日照時間が延びることにより、オスの体内のホルモンバランスが変化し、そのため声帯が振動し、さえずりが生じる」という説明が可能です。

別の答えとしては、「オスは、鳴き声によってメスを引き寄せ、繁殖を成功させるためにさえずる」という説明もまた可能です。

いったい、どちらの答えが正しいのでしょうか？　この質問をする人は往々にして二者択一を前提としているようですが、実は、どちらとも正解なのです。前者の答えは「**至近要因**」、後者の答えは「**究極要因**」と呼ばれます。

至近要因と究極要因は、同じ生命現象を異なる観点から説明します。生命現象をそのメカニズムという観点から説明するのが至近要因であり、進化的（歴史的）な観点からその由来を説明するのが究極要因です（長谷川、２００２年）。

そのため、メカニズムを扱う至近要因は生理学的説明に、由来を扱う究極要因は進化学的説明になります。

このように至近要因と究極要因は観点が違うだけであり、互いに排他的なものではありません。生物の性質を理解するうえで、進化による説明はあくまでも１つの観点で、他の観点に基づいた説明もあり得るわけです。

たとえば、さえずりの例では、「オスは、鳴き声によってメスを引き寄せ、繁殖を成功させるためにさえずる」という答えが究極要因に関するもので、進化学的な説明です。この説明は、春にさえずる個体は高い適応度（＝次世代に残す子孫の数）を持つために、自然選択の働きによって春にさえずるという性質が集団中に広まったという進化的な観点に基づいています。

(2) 人間行動進化学の誕生

生物の適応研究の対象はヒトへと拡大した

１９７０年代になると、自然選択の理論に基づき、さまざまな動物の社会的な行動を主に適応の観点から研究することが盛んになり、それは**「行動生態学」**あるいは**「社会生物学」**と呼ばれるようになりました。

それ以前の時代、動物行動の研究というと、おそらく真っ先にコンラート・ローレンツを思い浮かべたことでしょう。彼がノーベル生理学・医学賞を受賞したのは１９７３年で、彼が動物行動に関して「刷り込み」という現象を発見したことは、生物学の歴史のなかでも特筆すべき成果です。

しかし問題は、ローレンツが拠《よ》り所《どころ》としていた、動物行動の進化に関する理論です。それは群選択の理論と呼ばれるもので、「動物の行動は、その行動を実行する個体にとってではなく、その個体が属する集団全体にとって利益となるように進化する」という考え方です。

集団全体にとっての利益は「種の利益」と言い換えることもできます。この理論によると、「動物の行動は種の利益にかなうようにできている」と考えられますが、この考え方は、ローレンツも含めて当時の人々のあいだでは当たり前のものでした。

しかし、こうした群選択の理論は一般的には誤りであることを、進化生物学の専門家たちはすでに気づいていました。本書でもすでに説明した通り、動物の行動は、個体の生存や繁殖にとって利益（有利）になるように進化します。集団全体にとって利益になるかどうかは、ほとんどの場合に重要ではないからです。

1975年、ハーバード大学の昆虫学者、エドワード・ウィルソンは『社会生物学』（Wilson, 1975.）（新思索社、1999年）という大著を出版しました。ウィルソンは無脊椎《むせきつい》動物から人間まで、さまざまな動物種に関する膨大な研究成果をレビューし、それらを当時最新の進化生物学の理論に基づいて体系的に整理しました。

それにより動物の行動は、群選択の理論よりも遺伝子に働く自然選択の理論によって、より適切に説明されることが明確に示されました。彼は、動物行動の研究に対して、従来行われていた議論の問題点を指摘し、将来の研究のあるべき方向を述べました。

ヒトも生物の一種であり、他の生物と同様に進化の産物です。動物行動研究の大きな変化（パラダイムシフト）は、ヒトを対象とした研究にも影響を与えることとなりました。

こうして、１９８０年代にヒトの心理や行動を進化の産物として研究する「人間行動進化学」が誕生します。人間行動進化学には、**「人間行動生態学」**と**「進化心理学」**の２つの学派の流れがあります。

■人間行動生態学について

人間行動生態学は、行動生態学をヒトに適応したものです。

行動生態学は、進化生物学の理論に基づき、生物の生態や行動を解明します。適応度（生存率と繁殖率の積）を測定することによって自然選択の作用を明らかにする研究は、行動生態学の代表的なものです。人間行動生態学では、ヒトに対してこうしたアプローチを適用することになります。

■進化心理学について

進化心理学は、心も進化によって形成されたという前提に基づいて、ヒトの心理を研究します。ヒトの心理メカニズムの基本は進化的適応の産物であると考えます。

かつて、心理学の研究は進化理論をほとんど考慮せずに行われていました。しかし、1980年代の後期になると、進化という観点を取り入れることでヒトの心についてより深く理解できるだろう、という考えが心理学者からも提唱されるようになりました。

今日では進化心理学のパイオニアとして知られる心理学者レダ・コスミデス（カリフォルニア大学サンタバーバラ校）は、1992年に人類学者であるジョン・トゥービーとジェローム・バーコウとの共同で"*The Adapted Mind*（適応した心）"（Barkow et al., 1992.）という本を編集しました（ちなみに、コスミデスとトゥービーは夫婦で、多くの共同研究を発表しています）。

この本では、ヒトの脳も進化の産物であること、脳の働きに個人差はあるものの基本となる部分は誰でも共通していること、その基本はヒトという種に固有の情報処理プロセスであることが述べられています。

人間行動生態学と進化心理学を比較して、理論や方法論の違いについて分析した研究もなされています（加地仁保子、２００９年）。

専門の研究者にとっては興味深いテーマですが、本書は一般人向けの解説書であることを踏まえ、こうした２つの区別に深入りせず、人間行動進化学の名称でまとめて取り扱います。

(3) 人間行動進化学の研究成果

人間行動進化学の研究成果をいくつか紹介します。以下の説明では、たびたび**「戦略」**という言葉が登場します。

生物学では、生物の適応的な行動や生活様式のことを戦略と呼びます。日常語としての戦略は行為者の強い意図性を感じますが、生物学用語としての戦略は行為者が意図を持っていることを必ずしも意味しませんので、注意してください。

配偶者選択と性行動には男女差がある

性行動や繁殖行動は適応度と深く関係することから、動物の生態や進化の研究において重要視されてきました。一般に生物は、交配相手をランダムに選ぶのではなく、特定の性質を持った相手を選ぶ傾向があります。これを**「配偶者選択」**と呼びます。

ヒトの配偶者選択や性行動の男女差について理解するためには、そもそも生物の雌雄間に繁殖に関する基本的な立場の違いがあり、利害対立が存在していることを理解する必要があります。

多くの生物種において、オスとメスでは配偶子のサイズが異なります。メスの配偶子（卵）は大型で栄養を多く含みますが、オスの配偶子（精子）は小型で栄養はほとんどありません。

配偶子サイズは親の子に対する投資の量（与える資源の量）の指標になりますから、メスはオスよりも多くの資源を1匹（人）の子に与えていると言えます。

こうした事実から、以下のような予想が導かれます。

●オスは繁殖努力の多くを交配相手の獲得に費やし、メスは繁殖努力の多くを子育ての労力に費やす

オスでは精子1個を作ることは低コストなので、より多くのメスと交尾することが子孫を残すために有効となります。メスでは卵1個を作ることは高コストなので、卵を無事に成長させることが子孫を残すために有効となります。このため、繁殖努力（繁殖に関連して費やすエネルギー）の多くを、オスでは交配相手の獲得のために、メスでは子育てのために費やすことが予想されます。

●メスはオスよりも交尾相手をより慎重に選ぶ傾向が生じる

精子1個を作るコストよりも卵1個を作るコストのほうが大きいことから、不適切な相手と交尾したときの損失（コスト）はオスよりもメスのほうが大きくなります。これにより、メスはオスよりも交尾相手をより慎重に選ぶ傾向が生じると予想されます。メスがオスを選ぶ基準は、オスが提供する物質的な資源や子にとっての遺伝的利益（子の生存率や将来の繁殖率を高めるような遺伝子）となります。

行動生態学や進化生物学の分野では、このような雌雄間の立場の違いに留意しながら、さまざまな生物に対して配偶者選択の研究が行われてきました。

心理学者であるデイビッド・バスは、ヒトを対象として配偶者選択の研究を行い、ヒトの配偶者選択には男女差があり、その差は進化生物学に基づく予想に一致していることを示しました（Buss, 1989; Buss and Schmitt, 1993.）。

ヒトの取り得る性戦略は「**短期的配偶戦略**」と「**長期的配偶戦略**」に大別できます。

短期的配偶行動：数分から2、3カ月くらいまで、短期間しか続かない性的関係

長期的配偶行動：通常、子どもの出産から子育てまでを含むような、長期間にわたる性的な結びつき

なお、ここでは「目的」あるいは「〜しようとする」という表現が用いられていますが、これは行為者が自分の子や遺伝子を増やすことを意識的・自覚的に考えて行動を選択しているということを意味しません。無意識の行動が特定の結果に寄与するような場合でも、そうした表現を用いています。

バスの進化生物学に基づく予測（仮説）は以下のようなものです。

女性と比較して男性のほうが、配偶行動全体のなかでの短期的配偶行動の占める割合が大きくなる。

男性が短期的配偶戦略をとる際には、パートナーの数をできるだけ多くしようとする。男性が長期的配偶戦略をとる際には、繁殖能力の高さに加えて、浮気をせず子育ての上手な女性を選ぼうとする。なぜなら、ヒトは男性も子育てにかなりの労力を費やすので、他人の子ども（浮気相手の子ども）を育てさせられた場合の男性の損失は非常に大きいからである。

女性が短期的配偶戦略をとる際の目的は、多くの相手とセックスすること自体ではなく、セックスに伴って男性から資源を引き出すことや、長期的な配偶相手に相応《ふさわ》しい相手を見つけ出すことである。女性が長期的配偶戦略をとる際には、長期的関係に同意したうえで女性や子どもに資源を投資する能力と意思のある男性を見つけ出そうとする。

バスは、世界各地の民族から収集した大量のデータを分析し、上記の予測がおおむね支持されることを示しました。

バスはさらに、性的嫉妬《しっと》の男女差についても研究しています。

嫉妬は自分が愛する相手を自分だけのもとにとどめておきたいとする感情で、配偶者防衛行動（一方の性の個体が配偶相手を他の同性個体から防衛し、自分としか配偶しないようにする行動）を引き起こすとされます（長谷川寿一／長谷川眞理子『進化と人間行動』東京大学出版会、２０００年）。

男性の場合、もしも自分の配偶者が密《ひそ》かに他の男性との子どもを妊娠し、出産すると、男性は他人の子どもを育てさせられることになり、自分の遺伝子を次世代に残すことについて、大きな損失を負います。

男性が嫉妬を示すことは、女性の不貞を未然に防ぎ、自分が父親である確信を高めることにつながります。そのため、男性は女性の情緒的な浮気よりも身体的な浮気に対してより強い抵抗感を示すと予測されます。

女性の場合は、男性の浮気を見過ごすと、子どもの父親となるべき人物がよその女性のもとへ行ってしまい、情緒的・経済的支援を男性から受け取ることができない状態で出産・育児をすることになりかねません。そのため、女性は男性の身体的な浮気よりも情緒的な浮気に対してより強い抵抗感を示すと予測されます。

バスの研究チームが、アメリカと韓国と日本の男女について嫉妬の性差を調査したところ、文化差はあるものの、一般に男性は女性に比べより身体的浮気に対して、女性は男性に比べより情緒的浮気に対して、より強く嫉妬を感じるという結果となったのです（Buss et al., 1999.）。

ヒトの脳が社会における進化適応で果たした役割

ヒトの知性の進化を説明する説にはさまざまありますが、人間行動進化学の領域で特に注目されてきた説が「**社会脳仮説**」です（藤田和生、１９９８年）。

社会脳仮説は、イギリスの霊長類学者・人類学者のロビン・ダンバーにより1998年に提唱されたものです。ダンバーは、霊長類の種の大脳新皮質《だいのうしんひしつ》の割合がそれぞれの種の平均的な集団のサイズと相関するという研究結果を示したうえで、霊長類の新皮質は集団生活という社会的環境に適応するために進化したという考えを提唱し、これ社会脳仮説と呼びました。

なぜヒトがこれほどまでに高度な知性を持つに至ったのかという問いは、私たちにとって非常に興味深いものです。

ヒトの脳の重さは体重の約2％にすぎません。しかし、脳のエネルギー消費量は非常に大きく、体全体で消費するエネルギーの約20％にも達します。脳がこれほどまでに高コストの器官であることは、それだけのコストをかけるだけのメリットが存在することを示唆しています。

他個体との社会交渉において発揮される知性のことを**「社会的知性」**と言いますが、そのため、社会脳仮説は「社会的知性仮説」とも呼ばれています。

霊長類の多くの種は集団で生活しており、そこでは食物や配偶者をめぐって、他個体を欺《あざむ》いたり協力したりという社会交渉の必要が生じます。社会脳仮説では、こうした社会交渉の場で生じる社会的問題に対処できるように脳が進化したことで、ヒトの高度な知性が生み出されたと考えます。ヒトの知性は、集団のなかで他個体とうまくつき合いながら生きていくための進化的適応というわけです。

バーンとコープは、**「欺き行動」**を用いて社会脳仮説を検証しました（Byrne & Corp, 2004.）。社会脳仮説を検証するには、知性が高い霊長類の種ほど高度な社会的行動を行う傾向があるかどうかを調べることが有効です。知性の高さの尺度には一般に大脳新皮質のサイズを用います。問題となるのは、高度な社会的行動の尺度として何を用いるかです。バーンとコープが尺度として選んだのが、この欺き行動でした。

欺き行動は、相手の心理状態（目的、意図、知識、信念、好みなど）や将来の行動を推測することを必要とするので、高度な社会的行動とみなすことができます。また、複数の種について比較するときには、どの種にも共通したモノサシが必要になりますが、欺き行動は多くの霊長類の種で観察されており、モノサシとしても適しています。

欺き行動の具体的な報告事例を見てみましょう。

野生チンパンジーの群れを観察した結果、チンパンジーは自分に有利になるように、実際には餌《えさ》が存在するにもかかわらず、餌の存在を隠すために、以下のような欺き行動を行うことが確認されました（Menzel, 1974.）。

群れのなかの順位の低いチンパンジー個体（餌の在《あ》り処《か》を知っている）は、他の個体のグループを誘導する際に、地位の低い個体からなるグループの場合と順位の高い個体が混じっているグループの場合とで対応を変えていました。

地位の低い個体からなるグループの場合には、グループを餌のある場所まで誘導し、餌を共有していました。しかし、順位の高い個体が混じっているグループの場合には、餌から離れた場所にグループを誘導しました。

後者の行動は、順位の高い個体に対して餌の場所を隠すための欺き行動です。欺く必要があるのは、順位の高い個体が一緒にいると餌を独占されてしまい、自分が餌を食べられなくなるためと考えられます。

また、飼育個体を用いた実験では、餌をめぐって競合しているチンパンジーが、他個体から見えないような道筋（迂回路《うかいろ》）を通ることで、餌の存在を隠そうとすることが確認されています（Hare et al., 2006.）。これもまた、欺き行動の例と考えられます。

バーンとコープは、このような霊長類の欺き行動についての報告事例を多数収集し、その報告事例数のデータに適切な補正（報告事例数を種ごとの論文数の差を考慮して補正）を施したうえで、多数の種についての大脳新皮質のサイズと欺き行動の頻度との関係を調べました。

その結果、霊長類では脳全体に対する大脳新皮質の比率が大きい種ほど欺き行動の頻度が高いという傾向があることがわかりました。この結果は、ダンバーが提唱した社会脳仮説を支持するものです。

人間行動進化学から見た言語の起源

言語の起源については研究者の間でも意見は一致しておらず、さまざまな仮説が提唱されています。人間行動進化学の観点からは、社会脳仮説で有名なロビン・ダンバーの提唱する説が興味深いものです。

ダンバーの仮説は、ヒトの音声のやり取りは他の霊長類における毛づくろいの代わりとして始まり、それが言語の起源となったというものです（Dunbar, 1998.）。社会脳仮説の説明の際に述べたように、類人猿は欺き行動をします。ヒトの祖先も同じだったはずです。

相手を欺くうえで、言葉は非常に容易なツールになります。言葉では事実と異なる情報を発信すること、すなわち嘘《うそ》をつくことは簡単にできるからです。この点で、顔の表情のように意識的に完全にコントロールすることが難しいシグナルの場合とは異なります。

話し手の言葉によって欺かれるという事態が頻繁に発生するような状況では、言葉というシグナル自体を無視するという戦略が効果的になります。なぜなら、相手に欺かれないようにするには不確実なシグナルを無視することが有効だからです。言語を用いたコミュニケーションが成立するには、聞き手が話し手のことを嘘をつかない相手だと信頼していることが必要となります。

このため、言葉を用いてコミュニケーションをする個体間に、信頼関係が存在する状況がどのようにして実現したのかを説明できない限り、言語の起源に関する仮説は成立しません。

ヒトの音声のやり取りは、チンパンジーやサルなどにおける毛づくろいの代わりとして始まったというダンバーの説は、個体間の信頼関係という条件を満たしています。なぜなら、毛づくろいはそもそも信頼関係が存在する個体間で行われるものだからです。毛づくろいの代わりとして何かが行われているということは、その個体間にはすでに信頼関係が存在していることを意味します。

霊長類の多くの種は群れで生活しており、個体間の関係は重要です。霊長類は個体間の良好な関係を維持する手段として毛づくろいを行うようになりました。霊長類の毛づくろいは、メンバーがある程度固定されたグループの内部で行われることが知られています。無条件に誰に対しても行うものではありません。

つまり、「あなたが私の背中を掻《か》いてくれるなら私はあなたの背中を掻いてあげます」という相互性（交換性）の原則に基づいていて、信頼の証明となっているのです。

こうしたダンバーの研究から、種を単位として比較したとき、霊長類の大脳新皮

質の大きさと集団のサイズには相関関係があることが確認されています。この関係に基づくと、ヒトの集団サイズは大脳新皮質の大きさから約１５０人と推定されます。

一般に毛づくろいの頻度は集団サイズに比例して増加し、個体数が50匹程度のヒヒやチンパンジーの群れでは、毛づくろいの所要時間は１日の約10～20％です。１５０人の集団サイズで毛づくろいの所要時間を算出すると、非現実的なくらいに長時間となってしまいます。

初期の言語（音声コミュニケーション）の形はゴシップ（うわさ話）であったと考えられます。毛づくろいに必要な時間を確保できなくなったヒトの祖先は、その代替となるコミュニケーション手段として「声による毛づくろい」、すなわちゴシップを利用するようになりました。

ゴシップが毛づくろいと同じ機能を担《にな》うことにより、ヒトは音声を発することで複数の個体と同時に「声による毛づくろい」を行い、個体間の良好な関係を効率的に維持できるようになったのです。

以上、ダンバーの仮説の妥当性については、多角的な検討が必要でしょう。しかし、ヒトはしゃべっている時間の65％をゴシップに費やしているという報告があります（Dunbar, 2004.）。

ヒトが特に重要とも思われない内容の会話に多くの時間を費やしているという事実は一見不可解に思われますが、ダンバーの仮説に即して考えると納得できます。

従来、言語は抽象的概念を用いた思考を可能とする装置、あるいは情報伝達を可能とする装置とみなされてきました。しかし、ダンバーの仮説に基づくと、やり取りされる情報の有用性とは別に、会話という行為そのものに言語の重要な機能があるということになります。ダンバーの仮説が正しい場合、従来の言語観は大きく変わってしまうのです。

(4) 人間行動進化学に関する誤解と「自然主義の誤謬」

他分野の学者を巻き込んだ「社会生物学論争」

ここでは、人間行動進化学に関する誤解を含んだ議論の典型と言える論争について紹介します。20世紀後半に、ヒトも含んだ動物行動の進化に関する問題が、学界を超えて盛んに議論されたことがありました。

1975年に勃発《ぼっぱつ》したこの議論は**「社会生物学論争」**と呼ばれています。日本ではあまり注目されませんでしたが、欧米では大いに注目され、激しい論争が198

0年代まで続きました（長谷川眞理子『進化生物学への道』岩波書店、2006年）。

そもそも社会生物学とは何でしょうか？

社会生物学とは、自然選択の理論に基づき、さまざまな動物の社会的な行動を主に適応の観点から研究する学問分野です。

1975年にハーバード大学のエドワード・ウィルソンが『社会生物学』（日本では1984年に思索社より出版）という大著を出版しました。これが引き金となり社会生物学論争が始まります。『社会生物学』に動物行動の研究者が注目したことは不思議ではありません。動物行動研究の歴史において重要な節目となるものだったからです。

しかし、社会生物学論争の注目すべき点は、人文社会科学者、フェミニスト、マルクス主義者など、生物学者以外の人々も議論に積極的に参加したことです。これはなぜなのでしょう？

その理由は、『社会生物学』の最終章にありました。ウィルソンはそこで、現代の進化生物学の理論をヒトの行動にも適用する方法を提示したうえで、人文社会系諸学は将来的に生物学に吸収されてしまうだろうと述べたのです。

彼はこうした考えを、進化生物学による人間研究が発展していくことの帰結として予想しました。この彼の予想が、生物学者以外の研究者や一般の人々にも大きな衝撃を与えていくことになったのです。

社会生物学論争で生じた自然主義の誤謬

論争とはどれもそうかもしれませんが、社会生物学論争には、イデオロギー闘争や誤解に基づく不毛なものが多くありました。しかし、**「自然主義の誤謬《ごびゅう》」**に関する議論は注目に値するものです（長谷川、２００６年）。

「自然主義の誤謬」とは一般には聞き慣れない言葉でしょう。

この言葉は、１９０３年に出版されたジョージ・Ｅ・ムーアの著書『倫理学原理』のなかに登場します（日本では２０１０年に三和書籍より出版）。ムーアは20世紀初頭の英米圏に大きな影響を与えた哲学者で、分析哲学の祖と呼ばれる人物です。

自然主義は、自然は良いものだという考えのことです。ムーアは『倫理学原理』のなかで、還元不可能な価値（他の概念によって説明したり、生み出したりすることができない価値）を自然主義によって説明することを自然主義の誤謬と定義していました。

たとえば、ムーアは「善とは何か？」という問いに対して、善とは善であり、他の概念には還元できないと答えています。他の概念には還元できないという意味では、「善」はユークリッド幾何学における「点」や「線」と同じです。

自然主義の誤謬とは、「～である」という説明（他の概念には還元できないもの）から、「～すべきである」という価値観を導出するという誤りです。

「～の状態が自然である」という表現は普通に用いられます。日常語において「自然である」という表現は「自然だから良いことである」「自然だからそうすべきである」という意味で用いられることはめずらしくありません。

しかし、ムーアに従えば、「自然である」と「自然だからそうすべきである＝そうするのが良いことである」を結びつけることは、善という還元不可能な価値を自然主義で説明することを意味し、自然主義の誤謬となります。「自然である」と「自然だからそうすべきである」との間には必然的な結びつきはありません。「～である」

から「〜すべき」を、すなわち事実から価値を導くことはできません。

たとえば、「なぜ犯罪が起こるのか」という問いを立てて、犯罪発生の要因やメカニズムを説明することは、「犯罪をすべき」と主張することとはまったく別です。犯罪発生の要因やメカニズムの説明をすることは、犯罪を肯定することにも否定することにもなりません。

「何を当たり前のことを言っているのか？」と思うかもしれませんが、実際の議論の場では、自然主義の誤謬をおかしてしまう人はめずらしくありません。

社会生物学論争においても自然主義の誤謬が発生しました。「社会生物学は人間の性質を進化理論で説明する。人間の行動や心理を自然選択による進化の産物であり、環境に適応したものだと考える。それでは、差別や犯罪など人間の悪行も適応であり、自然なものとされてしまう。差別や犯罪を肯定してはいけない！」という議論が典型です。

しかし、これまでに述べたように、これは明確に自然主義の誤謬です。ある現象が自然である（事実である）かどうかという問題と、その現象が倫理的に望ましいかどうかという問題は、まったく別のことだからです。

以降では、人間行動進化学に関連した自然主義の誤謬について理解するうえで、重要と思われる事柄について解説します。

生物学においては「進化」は「進歩」と別もの

生物の進化とは生物の形態・行動・知能などが下等なものから高等なものに段階的に改良されていくことである、という考えは現代生物学では間違いとされます。しかし、この点について世間では誤解が多いのです。その原因の1つは「進化」という単語でしょう。「進化」に含まれている「進」の文字が、より良いものになるというイメージ、進歩のイメージを連想させるようです。「進化」と「進歩」が、日常語としては同じような意味で使われることも、誤解につながっていると思われます（河田、1990年）。

現代生物学では、進化は進歩とはまったく別のものとされます。現代の進化の定義は、**「祖先から受け継いだ形質が変化すること」**です。「遺伝する形質の変化」とも言えます。それに対して、進歩とは、「良い状態への変化」です。進歩は価値判断に基づいた概念と言えます。生物の進化は価値判断とは別のものです。

また、現代生物学の知見は、進化には一定の方向が存在するという考えを支持しません（かつては、そのような考えを支持する人が生物学者のなかにもいました）。1つの方向に向かってより良い状態に段階的に変化していくという進歩のイメージは、やはり進化とは異なっています。

祖先が有していた器官が子孫では矮小《わいしょう》化したり消滅することがあります。人の虫《ちゅう》垂《すい》はその例です。こうした現象は「退化」とも呼ばれます。現代生物学の立場では、退化も進化の1つのあり方です。

「進化」と「進歩」が、日常語として同じような意味で使われ、誤解につながっている現象は、日本以外にも見られます。

「進化」は英語ではevolutionですが、この単語には「発展」という意味もあります。現代の生物学において「発生」を意味する英語のdevelopmentは、かつては「進化」の意味でも使われていました。developmentの意味はまさに「発展」です。フランス語も英語と同じで、進化はevolutionです。ドイツ語には、entwicklungという単語があり、英語のdevelopmentに相当しますが、今でもentwicklungを進化の意味で用いることがあります。

進化を進歩と解釈したスペンサーの社会進化論

ダーウィンと同じく19世紀半ばに活躍したイギリスの哲学者・社会学者にハーバート・スペンサーがいます。彼の研究領域は広範囲に及び、哲学や社会学から自然科学まで、多くの分野で業績を残しました。

スペンサーはダーウィンの進化論を高く評価し、そのうえで**「社会進化論」**と呼ばれる概念を提唱しました（Spencer, 1862-1896.）。

しかし、スペンサーの考えは、進化を進歩と同一視するものでした。彼は、社会を1つの有機体（生物のような存在）とみなし、生物と同じように社会も自然選択によって進化すると主張しました。しかし、彼は進化を進歩史観に基づいて解釈しており、ダーウィンの提唱した自然選択による進化の理論を十分に理解できていませんでした。

そのため、スペンサーの社会進化論では、進化をより高度な状態に向かって変化していくこととみなしています。これは先ほども述べたように、進化ではなく進歩と呼ぶべきものです。

もっとも、スペンサーは当時ダーウィンよりも知名度が高かったようです。また、「生存競争」や「優勝劣敗」といった表現は、スペンサーがダーウィンに進言したと言われています。日本でも明治時代にスペンサーの著書の翻訳が多く出版されており、支持者が増えたと言われています。

このように、進化を進歩と同一視する進歩史観的な見方は、生物以外を対象とした進化の概念にも影響を与えてきました（佐倉、２００３年）。

スペンサーの社会進化論を代表として、人間社会に生物進化の考え方を適用した理論は**「社会ダーウィニズム」**と呼ばれることがあります。しかし、その多くは進歩史観に基づいたもので、進化のことを下等から高等への段階的な変化とみなし、進歩・発展と同一視しています。

これは、ダーウィニズム（ダーウィンの提唱した進化理論）を基盤とした現代生物学の考え方とは相入《あいい》れないものです。社会ダーウィニズムは、その名に反してダーウィニズムとはまったく別のものなので、注意が必要です。

ナチスの人種政策の温床となった「優生学」

「優生学《ゆうせいがく》」という思想があります。優生学という語は、イギリスの人類学者フランシス・ゴールトンが1883年に提唱しました。遺伝構造を改良して人類の進歩を促進しようというものです。優生学は、社会進化論あるいは社会ダーウィニズムと関連した思想です（佐倉、2003年）。

優生学の最悪の例は、有名なナチス・ドイツによる人種政策です。しかし、優生学を初めに推進した国は、ドイツではなくイギリスでした。

優生学の流行が始まったのは19世紀後半で、20世紀初頭には大きな支持を集めることになります。これには時代的な背景がありました。

自然科学が目覚ましい進歩を遂げた19世紀は、科学に対して楽観的な時代でした。人類は科学によって森羅万象を解明し、その知見を用いて自然を管理することが可能となるという見方が広まりました。まさに進歩的な世界観と言えます。こうした世界観は、自然を計画的に管理し、より良い世界を作り出そうという思想につながります。

優生学はこうした思想を自分たち人類に当てはめたものです。社会進化論を提唱したハーバート・スペンサーはイギリス人であり、前節で述べたように進歩的な世界観を持った人物でした。スペンサーによる社会進化論の提唱は、進歩的世界観の普及を促進することになりました。これにより、優生学が流行する素地が作られたと言えるでしょう（ただし、スペンサー自身は積極的な優生学者ではなかったようです）。


優生学という言葉を作ったフランシス・ゴールトンは、実はダーウィンのいとこです。彼は1869年に『遺伝的天才（"*Hereditary Genius*"）』という書籍を出版します。その序文の一部を引用しましょう。

「人間の本性の持つ才能はあらゆる有機体世界の形質と身体的特徴がそうであるのとまったく同じ制約を受けて、遺伝によってもたらされる。こうしたさまざまな制約にもかかわらず、注意深い選択交配により、速く走ったり何か他の特別の才能を持つ犬や馬を永続的に繁殖させることが現実には簡単に行われている。したがって、数世代にわたって賢明な結婚を重ねることで、人類についても高い才能を作り出し得ることは疑いない」

ゴールトンは遺伝学に統計的手法を導入した先駆者ですが、のちに彼は、天才を生み出した家系の遺伝学的分析に取り組みます。その成果をまとめた著書を1883年に出版し、そのなかで優生学の語を提唱しました。

また、イギリスで優生思想が流行した背景には、ボーア戦争も影響を与えていました。ボーア戦争は1880年代に南アフリカで行われていた戦争で、イギリスは劣勢でした。そうした状況を打破するためには、強い兵士を増やす必要があるという考えが生まれました。優生学は、強い兵士を含めた優れた民衆を増やす手段として期待を集めることとなりました。

20世紀の前半になると、優生学の考えを背景にさまざまな国が優生政策を実施しました。その結果、深刻な差別や人権侵害が生じることになります（佐倉、2003年）。

優生政策とは、劣った性質を持つ人間を繁殖させないようにして、優秀な人間の割合を増やすという政策です。その最たる例が、悪名高いナチスによるホロコーストです。しかし、アメリカや日本を含む多くの国でも、かつては合法的に強制断種（不妊手術）が行われていた事実があります。

優生政策は、「劣った個体は淘汰《とうた》されるのが自然である。自然であるということは、それが正しいということである」という優生学の考えを基盤としていました。この考えは、まさに自然主義の誤謬です。これまで述べてきた通り、正当化することはできません。

現代生物学は遺伝決定論ではない

ウィルソンの『社会生物学』の最終章は、人間の行動も他の動物と同様に自然選択によって説明できるという観点を強調するものでした。それが社会ダーウィニズムの現代版とみなされ、差別の正当化につながるとして社会生物学論争が勃発したと言えます。

優生政策が実施され人権侵害が行われた背景には優生学や社会ダーウィニズムがあったという歴史的事実に鑑《かんが》みると、社会生物学論争が勃発したのも無理からぬ側面があったと言えそうです。

　自然選択が人間にも働くという主張は、人間に遺伝的な違いが存在することを認めることであり、それは遺伝決定論であるという批判が存在します。たしかに、自然選択が働くためには、個体間に遺伝的な差が存在することが必要条件です。しかし、人間に遺伝的な個人差があることを認めることと遺伝決定論はまったく異なります。

　遺伝決定論とは、人間の性質は遺伝子によってあらかじめ決定されているという考えです。この考えは、人間の能力に対する環境の影響を無視しており、支持する現代の生物学者はいないでしょう。また、人種差別や女性差別に悪用される危険が高いという指摘もなされています（河田、１９９０年）。

　現代生物学は、ヒトのあらゆる性質には遺伝と環境の双方が影響することを明らかにしてきました。この事実は他の生物でも同じです。ヒトの場合、環境には文化的なものも含まれます。さらに、個人間に遺伝的な差があったとしても、どのダイプの遺伝子型が優れているかを絶対的に決定することは不可能です。

　一般に遺伝子の適応度は環境が変われば変化します。この事実はヒトにも当てはまります。ある遺伝子が高い適応度を持つことが確認されたとしても、それはあくまでも、その遺伝子を持つ個体の生存率や繁殖率がその環境において高いという事実を意味するだけです。遺伝子の適応度の高低と、その遺伝子を持つことの価値の高低はまったく別の問題です。

こうした議論はまさに、事実からは価値を導くことはできないという考えに関連しています。すなわち、自然主義の誤謬の議論そのものと言えるのです。

(5) 人間行動進化学を応用して社会問題を是正

社会のさまざまな問題の解決には、さらなる研究が不可欠

前にも説明したように、ヒトを含めた動物の行動の要因には、「至近要因」と「究極要因」があります。

殺人、暴力、いじめなどの発生を食い止めるには、加害者の行動を分析して、予防策を構築する必要があるでしょう。加害者の行動を理解し、予防策を構築するには、至近要因と究極要因をともに考慮することが有効です。

社会生物学論争において、「社会生物学は人間の性質を進化理論で説明する。人間の行動や心理を自然選択による進化の産物であり、環境に適応したものだと考える。それでは、差別や犯罪など人間の悪行も適応であり、自然で良いことにされてしまう」という意見がありました。

今さら繰り返すまでもなく、これは自然主義の誤謬です。「なぜ殺人が起きるのか？」という問いについては、進化的観点を踏まえて、至近要因と究極要因の双方から研究することが重要です。これは決して、「殺人は自然な行為であり、良いことだ」ということを意味しません。

自然主義の誤謬に陥《おちい》ることで、こうした研究を取りやめてしまうと、加害者の行動の要因の十分な解明ができません。それは結果として、有効な予防策の構築を妨げることになるのです。

人間行動進化学が社会に応用される可能性

人間行動進化学はこれまで見たように、進化的適応という統一的なフレームで物事を俯瞰《ふかん》することにより、ヒトのさまざまな行動傾向やバイアスなどについて、なぜそうなっているのかという疑問に答えることができます。さらにそうしたフレームに基づいて、新たに仮説を提示し、検証することを可能にします。

今日の人間行動進化学は、その優れた仮説検証能力を背景として、さまざまな社会問題や課題の解決に応用されるまでに発展しました。それはしばしば、**「行動経済学」**という名の下に行われています。

そうした取り組みについては、第3章で詳しく取り上げます。

【引用文献】

- Barkow, J. H., L. Cosmides, J. Tooby. 1992. The Adapted Mind: Evolutionary Psychology and the Generation of Culture. Oxford University Press.
- Benjamin, J., L. Li, C. Patterson, B. D. Greenberg, D. L. Murphy, and D. H. Hamer. 1996. Population and familial association between the D4 dopamine receptor gene and measures of Novelty Seeking. Nature Genetics 12: 81-84.
- Buss, D. M. 1989. Sex Differences in Human Mate Preferences Evolutionary Hypotheses Tested in 37 Cultures. Behavioral and Brain Sciences 12: 1-49.
- Buss, D. M., and D. P. Schmitt. 1993. Sexual Strategies Theory: An evolutionary perspective on human mating. Psychological Review 100: 204-232.
- Buss, D. M., T. K. Shackelford, L.A. Kirkpatrick, J. Choe, H. K. Lira, M. Hasegawa, T. Hasegawa, and K. Bennett. 1999. Jealousy and the nature of beliefs about infidelity: Tests of competing hypotheses about sex differences in the UnitedStates, Korea, and Japan. Personal Relationships 6:125-150.
- Byrne, R. W., and N. Corp. 2004. Neocortex size predicts deception rate in primates. Proceedings of the Royal Society of London B 271: 1693–1699.
- Chiari, Y., A. Meijden, A. Caccone, J. Claude and B. Gilles. 2017. Self-righting potential and the evolution of shell shape in Galápagos tortoises. Scientific Reports 7(1): 15828.

- Dunbar, R. I. M. 1998. The Social Brain Hypothesis. Evolutionary Anthropology 6(5): 178-190.
- Dunbar, R. I. M. 2004. Gossip in an evolutionary perspective. Review of General Psychology 8: 100-110.
- Ebstein, R. P., O. Novick, R. Umansky, B. Priel, Y. Osher, D. Blaine, E. R. Bennett, L. Nemanov, M. Kats, and R. H. Belmaker. 1996. Dopamine D4 recepter (D4DR) exon III polymorphism associated with the human personality trait of Novelty Seeking. Nature Genetics 12: 78-80.
- 藤田和生、１９９８年、『比較認知科学への招待―「こころ」の進化学―』ナカニシヤ出版
- Galton, F. 1869. Hereditary Genius: an Inquiry Into Its Laws and Consequences. London: Macmillan.
- Hare, B., J. Call, and M. Tomasello. 2006. Chimpanzees deceive a human competitor by hiding. Cognition 101 (3): 495-514
- 長谷川眞理子、２００２年、『生き物をめぐる４つの「なぜ」』集英社
- 長谷川眞理子、２００６年、『進化生物学への道―ドリトル先生から利己的遺伝子へ』岩波書店
- 長谷川寿一、長谷川真理子、２０００年、『進化と人間行動』東京大学出版会
- 加地仁保子、２００９年、「人間行動の進化的説明―進化心理学と人間行動生態学」哲学論叢 36: 116-127.
- 河田雅圭、１９９０年、『はじめての進化論』講談社

- Menzel, E. 1974. A group of chimpanzees in a one-acre field. In A. M. Schrier and F. Stollnitz (Eds.), Behavior of non-human primates. New York: Academic Press. pp.83-153.
- Moore, G. E. 1903. Principia Ethica. Cambridge: Cambridge University Press. 泉谷周三郎ら（訳）、２０１０年、『倫理学原理』（合本版）三和書籍
- 佐倉統、２００３年、『進化論の挑戦』角川書店
- Spencer, H. 1862-1896. System of Synthetic Philosophy. London-Edinburgh: Williams and Norgate.
- Wilson, E. O. 1975. Sociobiology: The New Synthesis. Cambridge: Harvard University Press. 坂上昭一（訳）、１９９９年、『社会生物学』（合本版）新思索社

第2章

ヒトは神を信じたほうが適応的なのか？

２０１８年にオウム真理教信者の死刑囚の死刑が一斉に執行されました。宗教に対して、洗脳や霊感商法といったネガティブなイメージを持つ人もいます。しかし、人類の歴史を振り返ると、宗教を信仰することは長いあいだ、むしろ当たり前のことでした。国や地域によっては現在でも宗教を信仰する人々が多数派です。

近年、宗教を人間行動進化学の観点から研究する試みが活発になっています。本章ではまず、神を信じることは適応的であるという説について紹介します。

(1) 宗教の進化適応的意義

ウィルソンによる宗教現象の説明

第１章の社会生物学論争の説明のなかで紹介したハーバード大学のエドワード・ウィルソンは宗教についても考察しています。

ウィルソンは宗教を**「自然選択による適応の産物」**とみなしました。この考えは進化生物学の立場からの典型的なものです。

ウィルソンはヒトの行動について説明する際に、自然選択の対象となる遺伝子の影響を重視しましたが、文化の影響も存在することを認めています。彼は、宗教を含め、従来は人文・社会科学の分野で研究されてきたさまざまな現象を「遺伝子と文化の共進化」の理論を用いて説明しています。こうした彼の姿勢は、『人間の本性について』(筑摩書房、1997年)、『バイオフィリア』(平凡社、1994年)、『知の挑戦』(角川書店、2002年)といった一連の著書を通じて変わりません。

ウィルソンは、世界の神話に類似性があることに注目しました。彼はさまざまな文化に見られる普遍的傾向をリストアップしたうえで、世界の神話に見られるこうした類似性は、ヒトの精神の発達がある共通した偏り(傾向)を持っていることの表れであると主張しました。

彼によると、「神話や物語では、わずか20ほどの主観的に分けたグループが、通例それとわかる元型の大半をカバーしている」としています。こうした精神の偏りは、ヒトに共通した遺伝子の影響によるものというわけです。

ウィルソンによれば、「遺伝子は後生則、すなわち文化獲得を活性化し方向づける、感覚知覚と精神発達の原則を規定する」ものとされます。こうした遺伝子の働きにより、ヒトはある方向の考え方を好むように傾向づけられています。

前述した、さまざまな文化に共通した神話の元型が見られることが、その証拠であるとウィルソンは主張します。彼の主張は、遺伝子によってヒトは特定の具体的な考え方を好むように決定されているというものではありません。あくまでも考え方の好みの傾向に遺伝子が影響するというものです。

ウィルソンは宗教を「個人を説得し、集団の利益のためにその直接的な利己的利益を抑えさせるための過程」ととらえています。これは、自分個人の利益よりも集団全体の利益を重視する点が宗教の特徴であるという宗教観です。

ウィルソンは、宗教を信仰することが集団全体の利益を重視する行動につながると主張しました。なぜならば宗教は、自分はまぎれもなく集団の一員なのだという実感を個人に与えており、そうした実感を持った個人は集団全体の利益を重視する行動を取るようになるからです。

集団全体の利益を重視する行動を取る個人は、集団内の他者と調和的に振る舞うようになります。その結果として、その個人は生存や繁殖の機会を多く得るだろうと予想されます。このようにして、「人間の精神は、神の存在を信じるように進化した」というのが、ウィルソンの主張です。

「神は適応的錯覚である」と主張したベリング

ジェシー・ベリングは認知や発達心理の研究者で、アーカンソー大学で実験心理学の准教授、北アイルランドにあるクイーンズ大学認知文化研究所で准教授を務めたあと、２０１１年に大学を離れ、現在は執筆活動に専念している人物です。ベリングは著書『ヒトはなぜ神を信じるのか―信仰する本能』（化学同人、２０１２年）において、神や霊などの超自然的行為者は、実は「**心の理論**（**theory of mind**）」によりもたらされた「適応的」錯覚なのだと主張しています。

心の理論とは、他者の心の状態（意図、欲求、願望、目的、知識、思考、推測、信念、感情）を読み取る能力のことであり、他者に共感や感情移入をしたり、他者の視点に立ってものを考えたりするうえで基礎となる能力のことです。

心の理論は、もともとチンパンジー研究者であるデイヴィッド・プレマックとガイ・ウッドルフが提唱した概念（Premack and Woodruff, 1978.）で、一般に、他者の心の状態を推測できる個体は心の理論を持つと言われています。

「ヒト以外の動物に心はあるか？」という問いを直接検証することは困難です。しかし、心の理論に基づいて発せられる、「ヒト以外にも心の理論を持つ（＝他者に心があることを理解している）動物は存在するか？」という問いであれば、実験によって検証することの可能な仮説を作ることができます。

プレマックとウッドルフは、心に関する問いを検証可能な形に変換することに成功したと言えます。これにより、心の理論は進化心理学の重要なテーマとして注目されるようになり、今日までヒトを含むさまざまな動物を対象として関連する研究が行われています。

ベリングは心の理論に関するさまざまな先行研究を検討したうえで、ヒト以外の動物のほとんどは心の理論を持っておらず（チンパンジーは感度の高い実験でとらえられる程度の心の理論は持っているかもしれないが）、ヒトは心の理論を高度に発達させた唯一の動物であるという主旨の主張をしています。

ヒトだけが心の理論を持つならば、その能力は、約700万年前にヒトがチンパンジーとの共通祖先から分かれたあとに獲得されたものだということになります。ベリングは、ケルマンの研究を紹介しながら、ヒトが生得的に「目的―機能論的推理」を行う傾向のあることを述べたのです。

ヒトは「神の創造」を想像する

デボラ・ケルマンを中心としたロンドン大学の研究チームは、幼い子どもが自然界の無生物に対して**「目的―機能論的推理」**を行っていることを明らかにしました(Kelmen et al., 2005.)。

目的―機能論的推理とは、物は何かしらの特定の理由のために存在していると考えてしまうことです。

たとえば、7、8歳の子どもに「なぜ山はあるのか?」と質問すると、「噴火した火山が冷えて山になる」といった因果的説明(原因に基づいた説明)よりも、「動物に登る場所を与えるため」といった説明を好む傾向が圧倒的に多くなります。

この傾向は、親が宗教を信仰していようといまいと変わりません。7、8歳の子どもは、岩が尖《と》んがっていることにも目的があるとみなしていて、動物の体が痒《かゆ》くなったときに動物が体を当てて掻《か》くために尖んがっていると考えたり、岩が動物に乗っかられたり叩《たた》かれたりしないように尖んがっていると考えたりしますが、これらも子どもが物事を目的―機能論的に推理していることの表れです。

ケルマンの研究チームは、子どもは小学4年生から5年生頃になってようやく科学的に正しい説明（「山が存在するのは、噴火した火山が冷えて山になったから」）を選択するようになるものの、科学教育を受けないと、大人になっても目的―機能論的に考えてしまうことを明らかにしました。

ケルマンの研究チームは、子どもがこのような目的―機能論的推理を行う傾向は、周囲の人々から話を聞いた結果である可能性、すなわち、経験に影響された結果であるとする見方についても検討したうえで、その可能性を否定しています。

彼らは親子間の会話、特に「なぜ」や「何のため」という問いかけを含むやり取りを分析することで、親は子どもに対して目的―機能論的な説明よりも科学的な説明を与えることが一般的であるという事実を明らかにしました（Kelmen et al., 2005.）。この事実は、子どもは経験に影響されて目的―機能論的推理を行うようになるという考えとは整合しません。

続けてベリングは、マーガレット・エヴァンスの研究などを紹介しながら、ヒトが生得的に創造論（生物は神の意志によって創造されたという考え）を好む傾向のあることを述べています。

ミシガン大学のマーガレット・エヴァンスは創造論の信仰が強い理由について研究しました。エヴァンスは、育った家庭の宗教的価値観がどうであれ、アメリカの子どもは生物の起源について神の創造による説明を好む傾向があることを示しました（Evans, 2001.）。

エヴァンスは、5歳から13歳の子どもに、生物（マレーバク、ムカシトカゲ、ヒト）の最初の個体がどこから生じたのかについて尋ね、どう答えるかという実験をしました。その結果は以下のようなものでした。

キリスト教原理主義ではない家庭の子どもの場合、5歳から7歳では創造論的答え（神が創った）と自然発生的答え（そこに生まれた）が混在していて、8歳から10歳では創造論的答えが多数派となり、10歳から13歳では創造論的答えと進化論的答え（別の種類の生物から変化した）が混在したのです。一方、キリスト教原理主義の家庭の子どもの場合、どの年齢グループでも創造論的答えが多数派でした。

アメリカの未就学児は、人工物は人間が創ったものであることを理解しているものの、海などの自然物は神が創ったと考える傾向があることが報告されています（Gelman and Kremer, 1991.）。これと同様の調査結果が、イギリスの未就学児についても報告されています（Petrovich, 1997.）。

ヒトだけに存在する「自分がどう見られているか」という感情

心の理論により適応的錯覚としての神がもたらされたというベリングの主張について、要点をまとめると以下のようになります。

心の理論が進化する以前の数百万年のあいだ、私たちヒトの祖先は、衝動的で、快楽に走り、抑制が効かないという、他の社会的な霊長類と同じようなものでした。

おそらくそれは、今のチンパンジーの行動に似ていたことでしょう。

チンパンジーを観察してみると、彼らには恥ずかしさというものがないように見えます。彼らは交尾したあとに気持ちよさそうにオナラをし、ヒステリックに叫んで嫌がるメスに乗りかかり、カップ状に丸めた手に平然と排便《はいべん》します。年寄りからごちそうを力ずくで奪い、状況しだいでは、激しく怒りながら、相手に向けて攻撃を執拗《しつよう》に繰り返します。

むろんチンパンジーにも暗黙の社会規範はあるものの、心の理論がないため、他者が彼らを監視し、観察し、注意深く評価するという心理的感覚（多くの場合それが行動の勢いを削《そ》ぎ、行動を控えさせるのですが）を持ちません。

大部分の人間は、自分にとってマイナスと感じられる面（道徳的違反、良からぬ意図、困った性癖、身体的欠陥）が他の人間に知られたときや、バレそうになったときに苦悩します。

心の理論のおかげで、ヒトは他の人間が自分たちをどう思っているかをとりわけ気にします。ダイエットをし、はげ隠しのカツラを被《かぶ》り、顔を整形するといった虚栄を張る行為はどれも、他者が私たちについて持つ印象に影響を与えようという意図があってのことであり、心の理論を必要とします。

実際に誰かに見られていると感じるとき、私たちの感情と行動はその影響を強く受けます。最近の心理学実験が示しているように、ヒトは自分が観察されていることが示唆された状況では、向社会的に（もしくは反社会的でないように）行動します。それはチップ置きの皿に2つの目が描かれた紙が張ってあるだけで、私たちはチップを多めに置いたりするようなものなのです。

生存に有利だったヒトの神の創造

この心の理論は私たちの生存を有利にします。なぜなら、心の理論は、相手を故意に欺《あざむ》くことによって、私たちの祖先をより戦略的にした一方、極めて協力的となることも可能としたからです。

しかし、より古い〝心の理論以前の〟脳が消え去ったわけではないため、その脳に伴う衝動的・快楽的な、抑制の効かない動機がなくなったわけではありません。その結果、私たちの脳のなかの心の理論以前の古い要素と心の理論以後の新しい要素との間には軋轢《あつれき》が生じることとなりました。

私たちの古い脳が、私たちに何もかも（性器も情熱も欠点も）さらけ出させようとする一方で、私たちの新しい脳は常に「早まるな、どんな意味かを考えてみるんだ」と叫んでいるのです。

問題は、なぜ見られているという感覚が、私たちの社会行動に大きく影響し、利他的に見える行動を取らせたり、本当ならしたいことをしないようにさせるのかということです。


ヒトは言語というコミュニケーション手段を発達させました。そのため、不都合な情報がいったん誰かに知られてしまったら、情報を知った人は別の人にその情報を言ってしまい、情報が次々と広まっていく可能性のある状況が生じました。

心の理論と言語との共進化によって、ヒトは情報の流布《るふ》の脅威という、他の動物にはない状況に置かれることとなりました。かつての人類は小さな集団からなる緊密な社会で暮らしていたため、悪い評判が立つことは、その人の繁殖成功の道が閉ざされること（＝遺伝子の死）を意味します。

私たちには、他人の悪事を誰かに教えたくてたまらないという生得的な傾向があるようです。子どもはしゃべることができるようになるとすぐに、よく大人への告げ口を行い、それをやめさせるのはほぼ不可能であるという研究報告があります。

対照的に、子どもは他の子どもの良い行いを大人に教えることはほとんどなく、それを実行させるには、通常は保護者や教師からの明瞭《めいりょう》な指示や特別な褒美が必要とされます。

悪い評判のターゲットにされないためには、反社会的行為につながる衝動を抑制する必要があります。他者などいないと楽観して、反社会的行為をしたところ、誰かにこっそりと見られていたという場合、悪い評判が集団内に広まってしまいます。こうした危機を回避するうえで、自分は常に他者に見られていると仮定することは有効なのです。

いつでも自分を見ている絶対的他者としての超自然的行為者（神やそれに似たもの）が存在すると仮定することも、自身の反社会的行動を抑制する効果を持ったことでしょう（実際に抑制効果を持つという結果がさまざまな研究から得られています）。

こうして、神やそれに似た存在を信じるという性質は、その性質を持つ個体の生存や繁殖の可能性を高めることを通じて、自然選択によって集団中に広まり、一般化したと推察されます。

ベリングによると、「他者としての神」を生んだのはヒトの持つ「心の理論」であり、超自然的行為者とは、実は「心の理論」によってもたらされた（進化論的な意味での）**「適応的錯覚」**であるというわけです（Bering, 2011.）。

(2) 宗教についての遺伝的研究

ヒトの心理現象や価値観を測定する

宗教に関連した科学的研究の例として遺伝に関する研究を紹介します。そのための準備として、ヒトの心理現象や価値観を測定する方法について述べておきます。

身長や体重の測定は簡単です。身長計や体重計があればすぐにできます。しかし、個人の宗教に対する意識や考え方のような、価値観に関わる心理現象の測定は、どのようにするのでしょうか？

一般に、心理現象を測定するときには**「心理測定尺度」**と呼ばれるものを使用します。心理測定尺度（心理尺度とも呼ばれる）とは、測定対象である人物（対象者）に質問をして、その回答を得点化することによって心理現象を数値化するものです。

これにより、心理現象の個人差を把握できるようになります。心理測定尺度とは、直接には観測できない心理現象を把握するために開発された「心のモノサシ」と言えます。

実際に、心理測定尺度の具体例を見てみましょう。

心理測定尺度のなかに「価値志向性尺度」と呼ばれるものがあります。これは6つの普遍的価値（理論・経済・審美・宗教・社会・権力）に対する志向性をそれぞれ測定する尺度です（ここでの志向性とは「個人が大切にしている考え方」というような意味です）。

次ページの表は、宗教に関する価値志向性尺度の質問項目です（酒井ら、1998年）。

図2-1 価値志向性尺度を測る宗教項目の質問

項目
❶ 宗教や信仰の世界は自分とは無縁だと思う※
❷ 自分の人生にいつか終わりがくるということを意識しながら生きている
❸ 自分が生まれる前も死んだあとも続いていく、永遠の時の流れを感じることがある
❹ 大きな運命の流れを感じることがある
❺ 自然や宇宙の偉大さの前に謙虚な気持ちでありたいと思う
❻ 生命の素晴らしさ、神秘性に畏敬《いけい》の念を持っている
❼ 一生の間にどの程度のことができるだろうかと、考えてみることがある
❽ この世界には人間の力をはるかに超えた大いなるものの力が働いていると思う
❾ 〝自分が何のために生きているか〟などは、考えたこともない※
❿ 自分に与えられた生を、精いっぱい生きようと思う
⓫ 世界の無限の広がりのなかでは、自分はごく小さな存在だと思う
⓬ 死ぬときに悔いが残らないような生き方をしたいと思っている

注）※は逆転項目

出所：「教育心理学研究」

この宗教に関する価値志向性尺度は12個の質問項目からなり、対象者は各質問項目に5件法（1「当てはまらない」、2「やや当てはまらない」、3「どちらともいえない」、4「やや当てはまる」、5「当てはまる」の5つの選択肢から1つを選ぶ回答法）で回答します。

そして、得られた12個の回答を得点化し、集計することで、対象者の宗教に関する価値志向性尺度が算出され、対象者がどの程度の内的宗教性（行動や思考が宗教の影響を受けていること）を有しているのかを測定できます。

このように、心理現象の測定には心理測定尺度を用いることが一般的です。正確な測定のためには、それぞれの心理測定尺度の目的に応じて、適切な質問項目を用意することが重要となります。このため、心理測定尺度の開発は心理学における重要な研究テーマとなっています。

宗教と遺伝に関する研究結果

宗教と遺伝の関連について結論を述べると、アメリカ、イギリス、オランダ、オーストラリアにおける双子研究によって、個人が宗教を信仰するかどうかには遺伝の影響があり、その影響の大きさは全体（すべての因子による影響）の40〜50％であることが明らかとなっています（Koenig and Bouchard, 2006.）。

以下、具体的な研究内容をいくつか紹介します。50歳以上のオーストラリアの双子を対象とした研究では、信仰心と関連が深いスピリチュアリティ（Spirituality：霊性、精神性）について、遺伝の影響を分析していました（Kirk et.at., 1999.）。

この研究では、スピリチュアリティの基準として「**自己超越（self-transcendence）**」を用いていました。自己超越とは、自己が個人の境界を超えて宇宙と一体化しているというような考えです。個人の自己超越尺度（心理測定尺度の1つ：自己超越の程度を数値化したもの）を測定するために、対象者に15個の質問をします。これらの質問の回答を得点化し、集計することで、対象者の自己超越尺度が算出されます（次ページ図）。

身体の大きさに遺伝の影響があるならば、双子同士は身長が似ていると予想されます。この予想は実際に正しく、身体の大きさには遺伝が影響します。それと同様

図2-2 自己超越尺度を測る質問

項目
❶リラックスした状態で洞察力や理解力の予想外のひらめきを経験することがよくある
❷自分の周りのすべての人々との強い精神的または感情的つながりをしばしば感じる
❸自分がすべての生命が依存する精神的な力の一部であるとしばしば感じる
❹古い友人に再会するのと同じくらい春に咲く花が大好きである
❺自然とのつながりを強く感じ、すべてが1つの生命の一部であるように思えることがある
❻何が起きようとしているのかを時々知らせてくれる第六感がある
❼自分を時間や空間に制限や境界を持たない何かの一部であるように感じることがある
❽言葉では説明できない他の人との精神的つながりを感じることがある
❾時々自分の人生がどんな人間よりも大きな精神的力によって導かれていることを感じる
❿自分が今行っていることについて、まるで時間や場所から切り離されているかのように夢中になることがよくある
⓫世界をより良い場所にするために、戦争・貧困・不正の防止に努めるような個人的犠牲を払っている
⓬神聖で偉大なる精神的な力に触れるという個人的経験をしたことがある
⓭存在するすべてのものと明確で深い一体感を突然に感じるという大きな喜びの瞬間を経験したことがある
⓮すべての生命は完全には説明できない精神的な秩序や力に依存していると思う
⓯普通のものを見るときでも、初めてそれを新鮮に見ているという感覚が起こったことがある

出所：Kirk et. al., 1999.

に、個人のスピリチュアリティに遺伝の影響があるならば、双子同士は自己超越尺度の数値が似ていると予想されます。

調査の結果、双子同士は自己超越尺度の数値が実際に似ている傾向がありました。さらに、自己超越尺度の数値に基づいた双子分析により、個人の自己超越尺度の約40％が遺伝の影響であることが明らかとなりました。

アメリカで行われた大規模な双子研究でも、個人の宗教に対する意識は40％かそれ以上の割合で遺伝の影響を受けていることが確認されています（Vance, et al., 2010.）。信仰心の強さに個人差があることは明らかでしょう。周りを見わたせば、信心深い人もいれば、無神論者もいます。研究は、こうした信仰心の個人差のかなりの部分が遺伝の影響によって説明できることを示したのです。たとえ別々の家庭で離れ離れに育った一卵性双生児でも、信仰心の強さはかなりの程度に似ているということです。

この結果は多くの人々に驚きを与えました。双子研究で有名なティム・スペクターは著書『双子の遺伝子』（ダイヤモンド社、２０１４年）の第4章冒頭で、以下のように述べています。

「わたしはよく、新聞や雑誌の記者から、これまでの双子研究で最も驚くべき発見は何でしたか、と尋ねられる。そんな時すぐ頭に浮かぶのは、『信仰心は遺伝する』という発見だが、多くの人にとってそれは信じがたく思えるようだ。病気や身長や体重が遺伝することは理解できても、信仰が遺伝するというのは理解できないらしい。おそらく、信仰心——あるいはその欠如——が遺伝する、という見方は、あまりにも遺伝を偏重しており、自分の行動は自分で決めているという信念にそぐわないのだろう」

信仰心の強さという性質について、そのすべてを決定する単一の遺伝子が見つかっているということはありません。おそらく、他の多くの性質と同様に、信仰心など宗教的な性質に影響する遺伝子はいくつも存在していて、それらの遺伝子の働きに環境の影響も加わる形で、個人の宗教的性質が作り出されていると考えられます。

ヒトの信仰心を生み出す遺伝子の発見

実際のところ、ヒトの宗教的性質に影響する遺伝子は実際に見つかっています。前にも述べましたが、新奇性追求遺伝子とも呼ばれるドーパミン、「**Ｄ４受容体**《じゅようたい》**（Ｄ４ＤＲ）遺伝子**」です。ドーパミンは中枢神経系に存在する神経伝達物質で、ヒトの意欲・感情・運動調整などに関連しています。

神経系の病気として有名なパーキンソン病では、ドーパミンが減少することで身体の運動機能に障害が出るとされています。Ｄ４受容体はドーパミン受容体のサブタイプの一種で、この受容体を作り出す遺伝子がＤ４ＤＲ遺伝子です。

Ｄ４ＤＲ遺伝子には特徴的な繰り返し配列がありますが、その繰り返し数には個人差（2～12回）があります。新奇性追求の高い人すなわち好奇心が強い人は、Ｄ４ＤＲ遺伝子の繰り返し数が多いという傾向のあることが確認されています (Ebstein et al., 1996.; Benjamin et al., 1996.)。Ｄ４ＤＲ遺伝子を新奇性追求遺伝子と呼ぶのはこのためです。

D4DR遺伝子にはいくつかの変異体が存在します。このD4DR遺伝子の変異体のタイプによって、信仰に対する環境の影響が異なることが明らかとなりました(Sasaki et al., 2013.)。

この研究では、D4DR遺伝子の変異体のタイプと宗教に関する生活環境の違いを組み合わせる形で、信仰心の強さを調査しました。その結果、信仰心を促進しやすい生活環境、たとえば親や知人が宗教を信仰しているなどの生活環境の場合に、D4DR遺伝子のある変異体を持っている人は宗教への信仰心が強まります。しかし、別の変異体を持っている人はそうではありませんでした。

これより、遺伝的要因と環境的要因は相互作用していて、両方の条件が重なった場合に信仰が強くなると言えます。また、年齢が高いほど宗教を信仰する傾向が強くなることもわかっています。

これらの結果から、宗教を信仰するかどうかは、遺伝に加えて、生活環境や年齢などの要因が複合的に影響していることがわかってきているのです。

(3) マインドフルネスとヒトの心

認知行動療法として注目される「マインドフルネス」

ここでは、宗教に由来する取り組みに対して、人間行動進化学の観点からアプローチした例として、ロバート・ライトによるマインドフルネスに関する考察を紹介します。

マインドフルネスは**「第3世代の認知行動療法」**として注目されています(Hayes, Folette and Linehan, 2004.)。第1世代が行動療法、第2世代が認知療法で、それに続く流れとされています。これらの広い意味の認知行動療法は、いずれも実証研究を背景としており、効果が実証されています(杉浦、2004年)。

マインドフルネスという用語は、特定の介入技法と、それによって達成される心理状態という2つの意味を持ちます。介入技法としては**「マインドフルネス瞑想《めいそう》」**

を指します。これは、自然に生じる呼吸や手のひらに乗せたレーズンなどに能動的な注意を向けるトレーニングです。

呼吸やレーズンのような地味な刺激に注意を向けるには能動的なコントロールが重要になります。もとは仏教的な瞑想に由来するものですが、マサチューセッツ大学医学大学院教授で、同大学のマインドフルネスセンターの創設所長であるカバット・ジンは、これを臨床的な技法として体系化しました（マインドフルネス・ストレス低減法）。

一方、マインドフルネスという言葉は、マインドフルネス瞑想やその他の治療で達成される心理状態をも指します。カバット・ジンは、マインドフルネスを簡潔に「今ここでの経験に、評価や判断を加えることなく能動的な注意を向けること」と定義しています（Kabat-Zinn, 1994.）。

ヒトの進化における「心のモジュール性」

このあとに取り上げるマインドフルネスに関する議論の理解のために、ヒトの

「心のモジュール性」というものについて、あらかじめ説明しておきます。

ヒトの心がモジュール的であるというのは、進化心理学勃興《ぼっこう》時《じ》から強調されていました。

モジュールとは端的に言うと「部品」という意味です。何かのシステムの一部を構成している部品であり、単体でも機能するものの、通常は他のものと組み合わせて使うというニュアンスがあります。

心のモジュール性をいち早く提唱したのは認知哲学者のジェリー・フォーダーです。フォーダーは視覚や聴覚に関わる周辺系をモジュールとして想定しました。それに対して、推論などに関わる中央処理系についてはモジュールとしませんでした。

フォーダーによると、心のモジュールとは人間の精神過程のうち生得的で、領域特異性を持ち、強制的で迅速な情報処理系となります。中央処理系は意識的で汎用《はんよう》的な情報処理を行うので、モジュールではないとしました。

領域特異性とは、モジュールによって入力される情報の種類が限定されていることを意味します。たとえば、視覚モジュールの場合、聴覚に関する情報は入力されることがなく（領域特異性）、視覚に関する情報は私たちの意図とは無関係に視覚モジュールで処理されます（強制的）。

その後、心のモジュール概念が進化心理学に導入され、進化心理学は人間の心は数多くのモジュールから構成されているという仮説（Massive Modular Hypothesis: MMH）のもとで行われました。そして、ヒトの進化の過程で、生存や繁殖と関連した個別のさまざまな状況に特殊化した適応的な心のモジュールが脳に組み込まれてきたと考えられるようになりました。

レダ・コスミデスとジョン・トゥービー（前出：34ページ）は、さまざまな多数のモジュール（たとえば顔認識、血縁認識、恐怖、協力行動、裏切り検知、道具使用）を想定しました（Tooby and Cosmides, 2005.）。

ここでは、「裏切り検知モジュール」というものについて紹介しましょう。

ヒトの進化の過程では、家族や親戚《しんせき》という血縁者だけではなく、血縁のない多くの人とも共同で作業をしなくてはいけない状況がありました。これはヒトの集団の重要な特徴で、こうした背景のもとに**「互恵的利他行動」**が進化しました。

お互いに利益を与え合う関係を「互恵的関係」と言います。たとえ一時的に自分が損をしたとしても相手に何かをしてあげると、次の機会に今度は相手が自分を助けてくれるという関係は、ヒトにとってはお馴染《なじ》みのものです。ヒトの社会は互恵的な関係であることを前提にして作られていると言えるでしょう。

理論と実験の両面の研究から、集団内で互恵的な行動が進化するためには、フリーライダーの排除が必要であることが判明しています。フリーライダーとは、助けてもらうばかりでお返しをしないという、いわば、ただ乗りや抜け駆けをしている人のことです。裏切り者とも言えます。

ヒトの集団において互恵的利他行動が重要であることを考慮すると、ヒトにはフリーライダーを検知する能力（裏切り検知能力）が特に高いであろうことが予想されます。ヒトは実際にそうした能力が高いことが実験的に確認されています。

また、こうした裏切り検知能力は、意識的にロジカルに思考した結果として検知するのではなく、「あの人、ずるい！」というように直感的にわかるようになっています。これらのことから、ヒトには**「裏切り検知モジュール」**が備わっているであろうと考えられています。

コスミデスとトゥービーが心のモジュール性をアーミーナイフにたとえています

(Tooby and Cosmides, 2005.)。ヒトの心が進化のプロセスで重要であった問題を解決するための領域特異的なモジュールの集合体であることを、さまざまなタイプのナイフの集合体であるアーミーナイフによってたとえたわけです。しかしながら、それらの心のモジュールが実際にどのような実体であるかについては議論が続いています。

では、どうして脳はモジュール的なのでしょうか？

進化心理学者のロバート・クツバンは、「繰り返し現れる複数の特殊な行動を可能にするような情報処理をエンジニアリングするなら、それぞれの問題に特殊化したモジュールを作るのが効率的であり、自然選択で作り上げるなら必然だ」と主張しています（Kurzban, 2011.）。

たしかに、自然選択の働きによって、生物の身体はそれぞれに特殊化した臓器や器官の集合体になっています。クツバンは、それぞれに特殊化したモジュール（部品）の間の連結について、連結があったほうが有利ならばつながっているだろうが、不利ならばつながらないようにデザインされているだろうと予想したのです。

ヒトの「意識のモジュール」はどう機能しているのか？

モジュールの間がつながっていないことも多いのならば、ヒトの脳はどんな特性を持つでしょうか？

クツバンは「単一の統一人格」というものが幻想であると主張しています。ここで「意識」とモジュールの関係を考えてみましょう。

これまで述べてきたように、モジュールには多くの種類があります。そのなかの一部のモジュールは意識とつながっていますが、それ以外の多くのモジュールは意識とは切り離されています。意識とつながっている特別なモジュール（たとえば、言語を司《つかさど》っているモジュール）が、あたかも司令官のように、他の多くのモジュールを取り仕切っているわけではありません。そうした一部の特別なモジュールを「私自身」と考える必然性はどこにもありません。

そうであるならば、意識とつながっているモジュールの機能は何でしょうか？

これにクツバンは、「それは報道官にすぎない」と説明しています。報道官は大統領に関する不都合な真実については知らないほうが望ましく、また実際に知りません。

ヒトの道徳に関する多くの調査によって、ヒトはある行動が悪かどうかについては即答できるものの、その理由を聞かれると、その場で後づけの説明を構築する（でっち上げる）ことが判明しています。

行動が悪かどうかを即答できるのは、ヒトには道徳モジュールがあり、その道徳モジュールの計算結果が瞬時に出力されるためと考えられます。その一方で、理由を聞かれたときに本人が意識して説明した内容（本当の理由ではないことが簡単に示せることが多い）は、報道官モジュールによる後づけの説明というわけです。

従来の心理学では、ヒトが複数の信念を持っているときにそれらの信念の間に矛盾や非一貫性があること自体を問題とみなすという考え方があり、**「認知的不協和概念」**と呼ばれています。心のモジュール性を考慮すると、こうした認知的不協和という概念それ自体が、私たちが「単一の統一人格」という幻想にとらわれていることの表れであると、クツバンは指摘しています。

ヒトはマインドフルネスによって意識をコントロールできるのか？

マインドフルネスは西洋では人気が高く、グーグル、フェイスブック、ヤフーといった企業が研修として取り入れています。

サイエンスライターのロバート・ライトは、マインドフル瞑想の解説及び体験談をまとめて『なぜ今、仏教なのか』（早川書房、2018年）を出版しました。ライトは1994年に『モラル・アニマル』上・下（講談社、1995年）を出版して、当時勃興したばかりの進化心理学を一般向けに紹介したことで知られる人物です。

ライトはマインドフル瞑想に取り組むなかで、教義や体験が進化心理学の知見と整合的であることに気づき、本書を執筆することになったようです。

ライトの主張によると、マインドフル瞑想とは、自分で直接にはコントロールできないモジュールの活性化、（本来、報道官にすぎないが）意識によりコントロールする試みと言えます。どのモジュールがより活性化するかを決めるのがインプットの感覚であるなら、そこに意識を集中することによってモジュールの活性化をコ

ントロールするというわけです。
以下、特に進化心理学との関連に注目する形で、ライトが主張している内容をまとめてみます。なお、カッコ（【】）内に記したコメントは著者による補足説明です。

●『なぜ今、仏教なのか』では仏教を扱うが、その「超自然的要素（輪廻《りんね》など）」は扱わない。仏教と言ってもさまざまだが、共通の核と言える概念に焦点を当てる。
【ここでの仏教は、特に欧米

で人気のある瞑想を重視するタイプのものを念頭に置いています】

●瞑想により悟りを得ることは、映画『マトリックス』において赤い薬を飲むようなもの（つまり偽りの世界から目覚めるようなもの）である。

【このたとえ話は「私たちが意識によって知覚しているものは真実ではなく、自身の生存率や繁殖率を高めるのに都合の良い妄想である」ということをわかりやすく説明するためのものです】

●たとえば、ジャンクフードを食べたいという欲求（目標）を持つこと、食べたときに満足（快感）が得られること、その満足（快感）は永続しないことについては、進化心理学によって次のように説明できる。

快楽は目標達成に向けた行動の動機づけのために適している。しかし、いったん目標が達成されたならば、快楽は永続せずに消えてしまったほうが、再び欲求を持つ状態が復活するので都合が良い。

【ヒトの進化過程の多くの時期で食べ物の不足はめずらしくなく、飢餓《きが》が大きなリスクでした。そのため、ジャンクフードのように甘くて高カロリーの食べ物を見つけたときに、なるべくたくさん食べておきたいという欲求が生じることは、個体の生存率や繁殖率の向上に有利であったと考えられます】

- しかし、進化心理学的知見を得たからといって人は救われない。痛みはなくならないし、深い幸せにもつながらない。そこに瞑想を行う意義がある。そしてやってみると妄想の実態が劇的に明らかになる。
- 「空《くう》」（物事には本質はない）と「無我」（自己は錯覚だ）という2つの仏教基礎概念が会得できれば、私たちの普段の知覚がいかに幻想であるかを理解できる。
- 感覚は適応度を高める決定を行うための道具として自然淘汰によって形作られた。しかし、最適なエラーマネジメントの結果として生じることとなった偽陽性《ぎようせい》の問題や、進化環境と現代環境のミスマッチの問題があることを考慮すると、感覚は必ずしも真実ではないと考えられる。

- すべての根底にあるのは幸せの妄想《もうそう》である。私たちは、より良い気分（快楽）を得るために頑張っているときに、より良い気分でいられる時間を過大に見積もってしまいがちである。「瞑想」はそうした妄想を追い払うプロセスとしてとらえることができる。
- ライトが実践している「マインドフル瞑想」は、1つは物事をマインドフルに観察しようとして注意を集中するものである。
- マインドフル瞑想の目的は、「無常」「苦」「無我」の洞察になる。悟りへの道で最も重要なのが「無我」の洞察であるが、「無我」とは「自己というのは思い込みで対応する実体を持たない」という概念になる。無我とは、「自分のなかに思い通りにならず、自分を苦しめるものがあるなら、それを自分と同一化するのをやめなさい」という教えだと解釈できる。

●仏教の教えは、心が複数のモジュールからなるという進化心理学の見方と整合している。

●心には単一の自我やCEO的な自己は存在せず、複数の自己たちが順番にコントロールを握っている。複数の自己のなかのどの自己が活性化してコントロールを握るかは、感覚の影響を受ける。

【ここで、自己をモジュールとみなして、1つの自己は1つの単体モジュールに対応していると考えると、ライトの主張を理解しやすいでしょう。心に複数のモジュールがあるとすると、心には複数の自己があるということになります】

●感覚に応じてさまざまなモジュール（自己）が活性化するなかで、自分をコントロールする方法の1つは、日々の生活のなかで感覚が演じている役割を変えることである。マインドフル瞑想はそれを可能にする。

●「自我」あるいは「意識」は、自分が何を考えるかを決めているというよりも、何らかのモジュールが活性化するのに気づくということである。

- 感覚こそがモジュールの活性化優先度のラベルづけをする主要な手段である（脳が比較検討する際には、それら複数の感覚同士を競わせる）。そして、それは進化的理解とも整合的（そもそも感覚は動機因子として進化している）である。つまり、何かを熟慮のすえに買おうと考えるのは、十分に行った理性的な分析の結果が、その商品を好ましく感じさせるからだと考えられる。【理性的な分析で得られた結果に基づいて各商品に対する感覚が生み出され、そのなかで好ましいという感覚を最も強くもたらした商品を購入するということです】
- マインドフル瞑想を行うことにより、私たちは自己に意識的に介入できる。
- 利害の異なるモジュールが競う場合には、最初に勝ったモジュールは強化されて、その後も勝ち続けやすくなる。ここから逃れるためには（喫煙などの）衝動と戦おうとするよりも、その感覚を検分して、それは自分の一部ではないと感じるほうがうまくいく。そのためのコツは、モジュールは「自分」の一部ではないと感じることである。

● うまく瞑想を行うと、物についての物語や意味が消え、不愉快な感覚の負のエネルギーを消すことができる。

【引用文献】

- Benjamin, J., L. Li, C. Patterson, B. D. Greenberg, D. L. Murphy, and D. H. Hamer. 1996. Population and familial association between the D4 dopamine receptor gene and measures of Novelty Seeking. Nature Genetics 12: 81-84.
- Bering, J. 2011. The God Instinct: The Psychology of Souls, Destiny and the Meaning of Life. Nicholas Brealey Publishing. 坂上昭一（訳）、２０１２年、『ヒトはなぜ神を信じるのか―信仰する本能』化学同人
- Ebstein, R. P., O. Novick, R. Umansky, B. Priel, Y. Osher, D. Blaine, E. R. Bennett, L. Nemanov, M. Kats, and R. H. Belmaker. 1996. Dopamine D4 recepter (D4DR) exon III polymorphism associated with the human personality trait of Novelty Seeking. Nature Genetics 12: 78-80.
- Evans, E. M. Cognitive and contextual factors in the emergence of diverse belief systems: Creation versus evolution. Cognitive psychology 42 (3): 217-266.
- Gelman, S. A., and K. E. Kremer. 1991. Understanding natural causes: Children's explanations of how objects and their properties originate. Child Development 62(2): 396-414.
- Hayes, S. C., V. M. Follette, and M. M. Linehan. 2004. Mindfulness and acceptance: Expanding the cognitive-behavioral tradition. New York: Guilford Press.
- Kabat-Zinn, J. 1994. Wherever you go, there you are: Mindfulness meditation in everyday life. New

York: Hyperion.

- Kelemen, D., M. A. Callanan, K. Casler, and D. R. Pérez-Granados. 2005. Why Things Happen: Teleological Explanation in Parent-Child Conversations. Developmental Psychology 41(1): 251-264.
- Kirk, K. M., and L. J. Eaves and N. G. Martin. 1999. Self-transcendence as a measure of spirituality in a sample of older Australian twins. Twin Research 2(2): 81–87.
- Koenig, L. B., and T. J. Bouchard. 2006. Genetic and Environmental Influences on the Traditional Moral Values Triad – Authoritarianism, Conservatism, and Religiousness – as Assessed by Quantitative Behavior Genetic Methods. In P. McNamara (Ed.). Where God and Science Meet: How Brain and Evolutionary Studies Alter Our Understanding of Religion. Vol. 1. Westport, CT: Praeger. pp. 31-60.
- Kurzban, R. 2011. Why Everyone (Else) Is a Hypocrite: Evolution and the Modular Mind. Princeton University Press.
- Petrovich, O. 1997. Understanding of non-natural causality in children and adults: A case against artificialism. Psyche en Geloof 8: 151-165.
- Premack, D., and G. Woodruff. 1978. Does a chimpanzee have a theory of mind. Behavioral and Brain Sciences 1:515-526.
- 酒井恵子、山口陽弘、久野雅樹、１９９８年、「価値志向性尺度における一次元的階層性の検討：項目反応理論の適用」教育心理学研究 46(2): 153–162.

- Sasaki, J. Y., H. S. Kim, T. Mojaverian, L. D. Kelley, I. Y. Park, and S. Janušonis. 2013. Religion priming differentially increases prosocial behavior among variants of the dopamine D4 receptor (DRD4) gene. Social cognitive and affective neuroscience 8(2): 209-215.
- Spector, T. D. 2012. Identically Different: Why You Can Change Your Genes. George Weidenfeld & Nicholson. 野中香方子（訳）、２０１４年、『双子の遺伝子「エピジェネティクス」が２人の運命を分ける』ダイヤモンド社
- 杉浦義典、２００４年、「エビデンスベイスト・アプローチ」『臨床心理学の新しいかたち』下山晴彦（編）、誠信書房 pp.25-41.
- Tooby, J. and L. Cosmides. 2005. Conceptual foundations of evolutionary psychology. In D. M. Buss (Ed.). The Handbook of Evolutionary Psychology. Hoboken, NJ: Wiley. pp. 5–67.
- Vance, T., H. H. Maes, and K. S. Kendler. 2010. Genetic and environmental influences on multiple dimensions of religiosity: A twin study. Journal of Mental and Nervous Disease 198: 755-761.
- Wright, R. 2017. Why Buddhism is True: The Science and Philosophy of Meditation and Enlightenment Simon & Schuster. 熊谷淳子（訳）、２０１８年、『なぜ今、仏教なのか　瞑想・マインドフルネス・悟りの科学』早川書房

第3章

「差別」はヒトの進化の結果!?
進化生物学、進化心理学から行動経済学へ

「進化生物学」や「進化心理学」といった、私たちヒトも進化の産物であるという視点を持った学問分野の発展により、ヒトに対する理解が大きく深まったことは、これまで紹介してきた通りです。

現在ではさらに進んで、進化生物学や進化心理学の知見を応用して、社会問題の解決に役立てるという取り組みが始まっています。経済学者などの社会科学の専門家が**「行動経済学」**の名のもとに社会問題の解決に取り組み、実際に成果を上げるという事例が増えています。

行動経済学もヒトが進化の産物であるという視点を持った学問分野の1つです。まずは行動経済学と進化との関連について解説します。

(1) 行動経済学の基盤は進化生物学

行動経済学から見たヒトの3つのバイアス（判断の偏り）

近年、行動経済学はメディアで取り上げられる機会も増え、研究者だけではなく、ビジネスパーソンや行政官の間でもかなり知られるようになりました。

行動経済学は過去に3回、ノーベル経済学賞を受賞しています。2002年にダニエル・カーネマン（プリンストン大学教授）、2013年にロバート・シラー（イェール大学教授）、2017年にリチャード・セイラー（シカゴ大学教授）の3名に授与されました。3回とも21世紀になってからの受賞で、行動経済学が急速に発展した分野であることがうかがえます。

行動経済学が成功を収めた理由の1つは、伝統的な経済学の想定する人間像を適切に修正したところにあると言えるでしょう。

伝統的な経済学の想定する人間像とは経済人（ホモ・エコノミカス）と呼ばれるものです。経済人とは、「超合理的に行動し、他人を顧みず自らの利益だけを追求し、そのためには自分を完全にコントロールして、短期的だけではなく長期的にも自分の不利益になるようなことは決してしない人々」です（友野、2006年）。

ちなみに、ホモ・サピエンスはヒトの学名（ラテン語）で「賢い人」という意味です。ホモ・エコノミカスはホモ・サピエンスをもじった造語で、「経済の人」という意味になります。ホモ（homo）は英語のヒト（human）の語源です。

さて、こうした伝統的経済学の想定する**「超合理的な人間像」**は、現実の人間に当てはまっているでしょうか？

超合理的な人間が本当に存在するのか疑問に感じる人は多いでしょう。多くの人は罪悪感や他人の視線を気にすることから逃れられないため、自分の利益だけを追求することなどそうそうできるものではありません。自分の判断や行動を完全にコントロールできれば、仕事も勉強も苦労はないでしょうが、現実はそうではありません。たとえ自分の不利益となることがわかっていても、ついやってしまうこともあるのが人間です。

経済学者の間でも超合理的な人間像に対する批判はありました。行動経済学は超合理的な人間像に対して修正を試み、ヒトは意思決定において非合理的であることを明らかにしてきました。

非合理的というと、まったくのデタラメかと思われるかもしれませんが、そうではありません。行動経済学の研究により、ヒトの非合理的な行動には一定の規則性があることが示されています。こうした、ヒトの意思決定において生じる規則性のある判断の偏り（バイアス）のことを**「行動バイアス」**と呼びます。

「バイアス」は日常会話ではあまり用いない単語でしょうし、意味がよくわからないという人もいるかもしれません。

動物行動学者の小林朋道は著書『進化教育学入門―動物行動学から見た学習』（春秋社、２０１８年）のなかで、行動バイアスのことを「不合理に思えるような心理的なクセ」と表現しています。

クセ（癖）とは「無意識に出てしまうような、偏った好みや傾向」（デジタル大辞泉）のことですから、行動バイアスを一種のクセとみなすことは、行動バイアスの理解に役立ちそうです。一般にクセというと、一個人の特徴について言及する場合が多いですが、ここでは人類に共通したクセについて論じているわけです。

行動バイアスは、以下の４つの条件が満たされたときに生じやすくなることが報告されています（Princeton University and FINRA Investor Education Foundation, 2007.）。

1．情報が複雑である。
2．意思決定にリスクや不確実性が伴う。
3．物事を楽観的に見ようとしている（例：投資で金持ちになりたいと思っている）。
4．現在の利益と将来の利益の間に対立がある（例：今買いたいものがあるが、将来のために貯金もしたい）。

２０１７年にノーベル経済学賞を受賞したリチャード・セイラーの授賞理由は、経済学と心理学の統合でした。このとき、セイラーの具体的な業績として挙げられたのが、「**自制心の研究**」「**限定合理性**」「**社会的選好**」の３つです（ここでの「自制心の研究」とは「**近視眼性**」に関する研究と考えてよいです）。

行動バイアスにはさまざまな種類が知られていますが、代表的なものとして、この３つを取り上げ説明していきます。

■近視眼性について

人は目先の利益を優先してしまう傾向のあることが知られています。たとえば、以下の2つの選択肢を提示されたとき、あなたならどちらを選ぶでしょうか？

選択肢1　今すぐ1万円もらえる
選択肢2　1年後に1万1000円もらえる

調査の結果、選択肢1を選ぶ人が多いことが知られています。これはつまり、多くの人にとって、1年後の1万1000円は、今現在の1万円よりも低い価値しか持っていないということです。

このように、将来の価値を割り引いて考えてしまうことはヒトに一般的な傾向で、**「双曲割引」**と呼ばれています。この名称は臨床精神医学のジョージ・エインズリー（テンプル大学教授）が提唱したもので、時間経過を横軸、割引率を縦軸としたときのグラフの形が減少型の双曲線（反比例グラフ）になることに由来します（次ページ図）。

図3－1 双曲割引モデルと伝統的経済学の割引率モデル

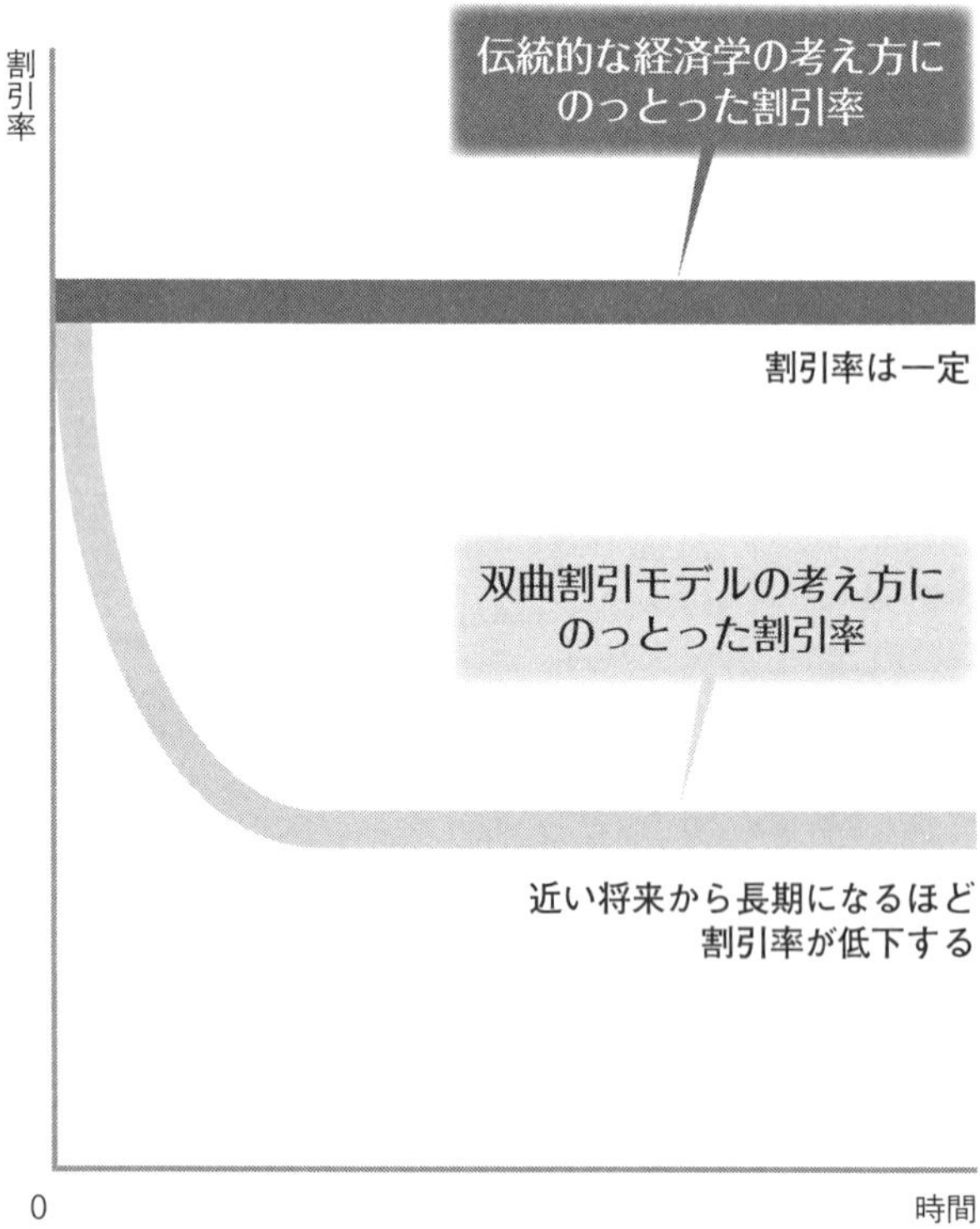

出所：『最新 行動経済学入門』

ここでの割引率とは、将来の価値を現在の価値に換算するときに用いる率（レート）のことです（時間割引率と呼ぶこともあります）。割引率が高いということは、将来の価値を現在の価値に換算するときの割引きが大きいことを意味します。

では、選択肢2にある「1年後の1万1000円」について考えてみます。

割引率を（無意識のうちに）高く設定している人は、大きな割引きをしたうえで現在の価値を算出するため、1年後の1万1000円の現在の価値はかなり低くなり、1万円（選択肢1）を下回ります。そのため、「今すぐに1万円をもらったほうがよい」という判断になるわけです。

このように、一般的にヒトは、将来の価値を割り引いて、目先の利益を優先してしまうという、近視眼的でせっかちな傾向を持っています。言い換えれば、強い自制心を発揮して、自分の行動を制御することができる人は、多くはないということです。

双曲割引が強い人は近視眼的な傾向が強く、将来手に入るものよりもすぐに手に入るものに大きな価値を感じます。そのため、将来のために自分をコントロールすることが不得手で、今の快楽を選んでしまいがちです。これは自制心が弱い人と言えます。

たとえば、一般に貯金する理由は将来の子どもの学費や自身の老後の資金だったりします。しかし、双曲割引が強い人は、自制心が弱く、今すぐに買いたいものを我慢できずにお金を使ってしまい、貯金に失敗しがちです。このように、将来のために必要な我慢ができずに、今の快楽を選んでしまう行動を「**自滅行動**」と言います。

貯金の失敗以外では、痩《や》せることにより得られる将来の利益よりも現在の食欲を優先してしまい、ダイエットに失敗することなどが典型的な自滅行動です。

実際に、せっかちさ（近視眼性）と肥満との間に関連があることも報告されています。大阪大学の池田新介教授は、双曲割引がせっかちさの指標として有効であることを示し、双曲割引の程度が強い人（次ページ図：時間割引率が平均以上の人）は肥満率が高い傾向があることを明らかにしました（池田、２００７年、２００９年）。

■限定合理性について

「限定合理性」とは、ヒトの意思決定は知識と認知能力の限界のため完全に合理的

図3-2 時間割引率と肥満率

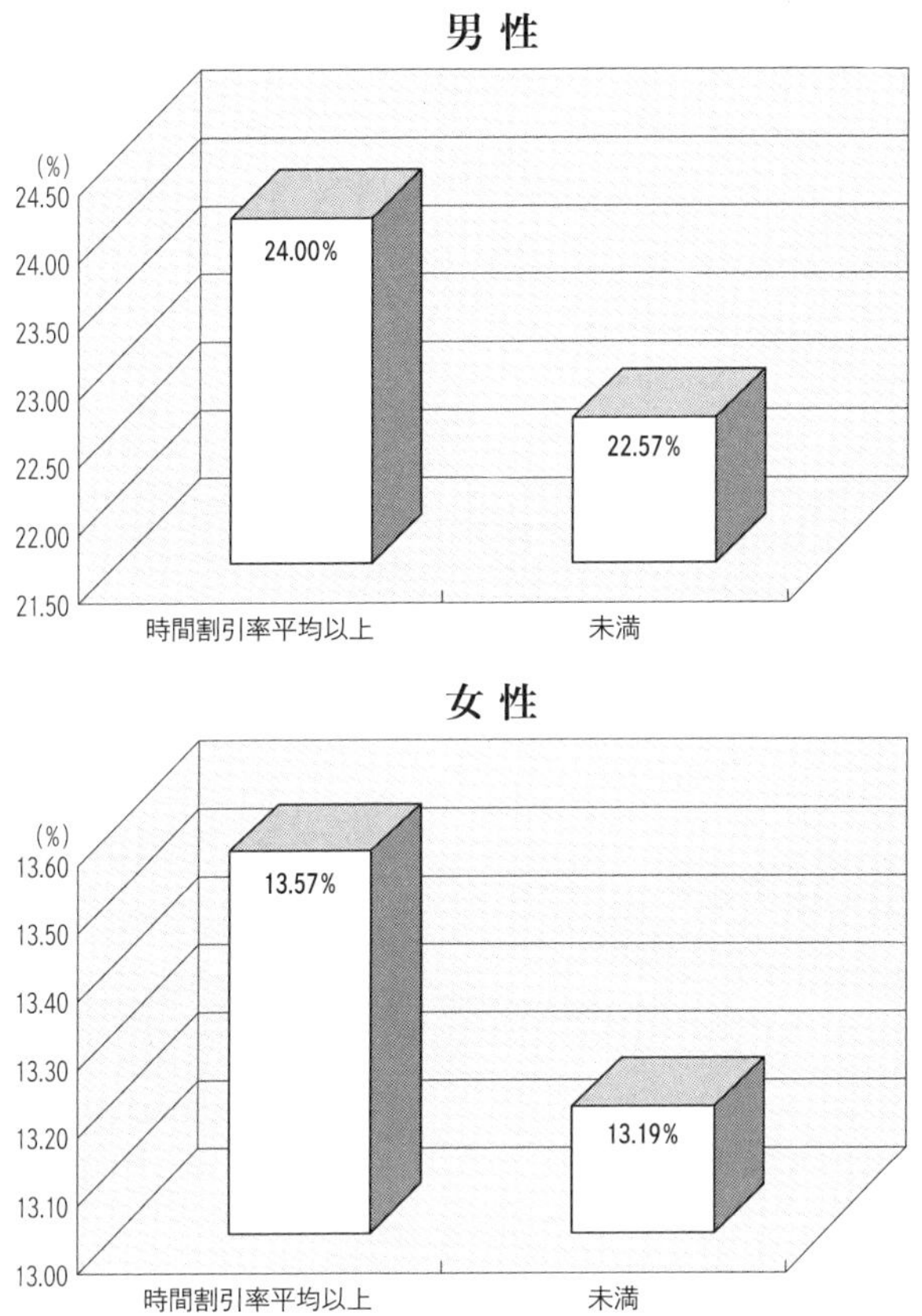

出所：「第４回行動経済学シンポジウム報告、なぜあなたは太り、あの人はやせる？」

であることはできないという概念です。

この概念は、ハーバート・サイモン（1978年にノーベル経済学賞受賞）が提唱しました。限定合理性にはさまざまな例がありますが、ここではセイラーが限定合理性の例として理論化した、**「メンタルアカウンティング」**（Thaler, 1985.）と呼ばれる性質を紹介します（アカウントは「会計＝account」の意味です）。

メンタルアカウンティングは「心の家計簿」や「心の会計」と呼ばれることもあります。ヒトには金銭の入手方法や用途に応じて、その扱い方を変える傾向があることが明らかとなっています。ヒトは心のなかに、たとえば娯楽費や資産形成などの複数の勘定項目を持ち、それらの勘定項目を別々に扱い、それぞれの勘定項目のなかでやり繰りを済ませようとします。

心理学者のエイモス・トベルスキーと、のちにノーベル経済学賞を受賞するダニエル・カーネマンは、人々に以下のような質問をしました（Tversky and Kahneman; 1981.）。

質問A：チケットが10ドルの劇を観ようとしている場面を想像してください。劇場

に入ってから、10ドル札を失くしていたことに気づきました。あなたは10ドルを払ってチケットを買いますか？

質問B：チケットが10ドルの劇を観ようとして、事前に前売券（10ドル）を購入していたと想像してください。劇場に入ってから、前売券を失くしていたことに気づきました。あなたは10ドルを払って当日券を買いますか？

その結果、2つの質問の回答に大きな違いのあることがわかりました。

質問Aでは88％の人が「はい」と回答しましたが、質問Bは46％だけでした。なぜ、これほど大きな違いが生じたのでしょうか？

メンタルアカウンティングの理論に基づくと、以下のように考えられます。

紛失したものは質問Aでは10ドル札、質問Bでは前売券（10ドル相当）です。どちらも価値は10ドルですが、メンタルアカウンティングによって両者は別々の心の勘定項目に割り振られていると考えられます。

質問Aにおいては、多くの人にとって10ドル札と当日券は別々の心の勘定項目に属するものという扱いになり、10ドル札を失くすという経験をしても、そのことが当日券を買うことの抵抗感につながらなかったと考えられます。

それとは対照的に、質問Bにおいては、1枚のチケット（前売券）を失くしたうえに新たにもう1枚のチケット（当日券）を購入するという事態は、心のなかの同じ勘定科目（チケットが属している）における合計20ドル相当の支出として認識され、支出が多すぎるという抵抗感を持つ人が多くなったものと思われます。


このように、ヒトにはメンタルアカウンティングと呼ばれる性質があることはわかりましたが、それがなぜ限定合理性の例と考えられるのでしょう？

ヒトは、心の勘定項目の違いを超えてお金をやり繰りすること、たとえば、資産形成など長期的に運用すべき勘定項目から短期的な支払いに用いる勘定項目へとお金を回すことに抵抗を感じます。そのため、たとえ全体の資産に余裕があったとしても、わざわざローンを組んで支払いを行ったりします（余計な金利を払う事態になっていることに注意）。

これは経済合理性の観点から考えると、完全に合理的な状態とは言えません。これより、メンタルアカウンティングは限定合理性の例と考えられます。

メンタルアカウンティングの理論は、私たちの日常的なお金に関する感覚を説明できます。10万円程度のパソコンを購入しようとして、いくつかの製品を比較しているときに、50円の価格の違いはほとんど気にならないでしょう。しかし、100円程度のボールペンを購入するときには、50円の価格の違いは無視できないものと感じます。

こうした私たちの感覚は、高価なものと安価なものを別々の勘定項目として心のなかで区別して扱っていることの表れです。

■社会的選好について

社会的選好、あるいは社会的選択と呼ばれるものについて解説します。社会的選好とは、「ヒトは意思決定において、自分の利益のみを動機とするのではなく、他者の利益や行動も考慮する」というものです。

自分の行動を選択するときに他者の存在を考慮することは、わざわざ強調するまでもなく、ヒトにとって当たり前のことだろうと思うかもしれません。しかし、伝統的な経済学では、「個人は自分の利益のみを動機として行動する」と仮定していました。

20世紀後半になり、少人数からなる経済行動を分析するほどに経済学が発展してくると、個人は自分の利益のみを動機とするという仮定に基づいて導かれた予測が、現実のデータと整合しないというケースが多くなりました。そうした状況を改善するために新たに導入されたのが、「個人は他者の利益や行動も考慮する」と呼ばれる概念、すなわち社会的選好という考え方です。

社会的選好にはいくつかの形態がありますが、ここでは**「分配に関する選好」**について取り上げます。

分配に関する選好とは、ヒトは価値のあるものを分配するときにどのような行動を好むのかという問いです。この問いについての理解を深めるために、ここでは**「最後《さいご》通牒《つうちょう》ゲーム」**と呼ばれる有名な経済学の実験について見ていきましょう。

最後通牒とは国際交渉における外交文書の1つで、以下のような意味です（出典小学館デジタル大辞泉）。

1．紛争当事国の一方が、平和的な外交交渉を打ち切って自国の最終的要求を相手国に提出し、それが一定期限内に受け入れられなければ自由行動を取ることを述べた外交文書。
2．交渉の決裂も辞さないという態度で、相手に一方的に示す最終的な要求。「最後通牒を突きつける」

最後通牒ゲームは、私たちの例で考える場合、典型的には以下のようなものです。登場人物（プレーヤー）はA氏とB氏の2人です。2人に1万円が与えられます。A氏とB氏はこの1万円を2人で分けます。ただし、以下のような条件があります。

「1万円をどのように分けるかをA氏が決めて、B氏に提案する。A氏の決めた分け方をB氏は拒否できる。ただし、B氏が拒否した場合、A氏もB氏も分け前は0円になってしまう」

この条件のもとで、A氏はB氏に対してどのような分割提案をすべきでしょうか？

（次ページ参照）

仮にB氏が伝統的経済学の想定する経済人（ホモ・エコノミカス）であるとする

最後通牒ゲーム

1

A氏（提案者）に１万円が渡され、これをB氏（承認者）と分配するが、分配する金額はA氏が決定できる。

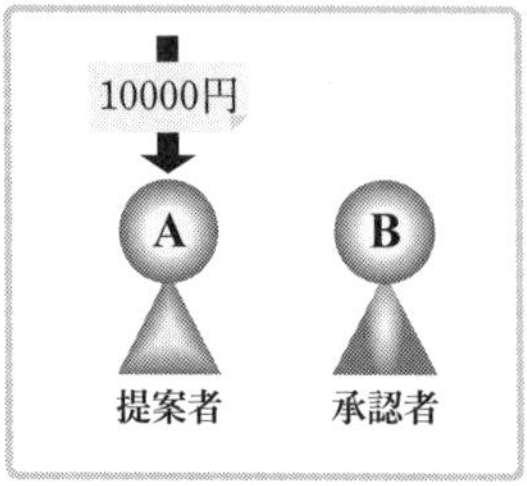

2

A氏が決定した分配する金額をB氏が承認すれば、両氏にそれぞれ分配したお金が支払われる（交渉成立）。

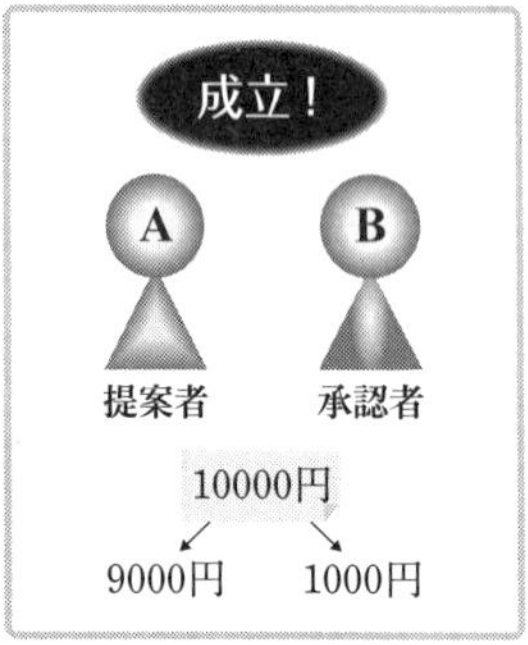

3

A氏が決定した分配する金額をB氏が承認しなければ、両氏ともにお金を手にすることはできない（交渉不成立）。

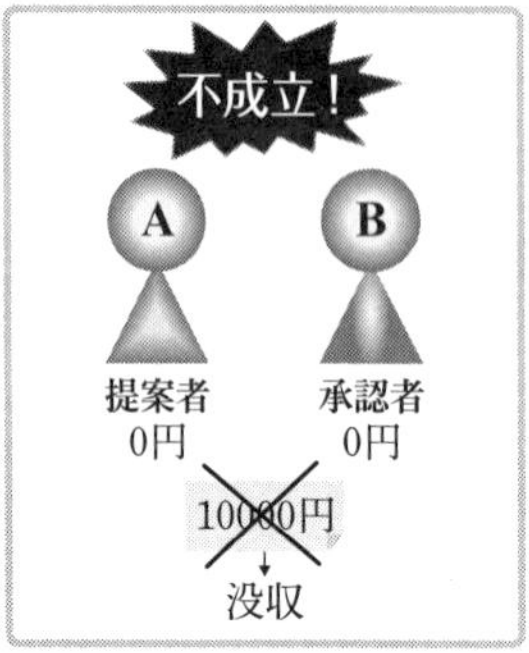

と、B氏は自分の取り分が0円となる提案でない限り、どんな提案でも承認するはずです。たとえA氏の取り分がとても多く、B氏の取り分が非常に少ないという提案であっても、提案を拒否して0円になるよりはましです。

提案を決める権限を持つのはA氏ですから、A氏のB氏に対する提案内容は、「A氏の取り分9999円、B氏の取り分1円」というものにするべきとなります。この提案がA氏の利得（利益）を最も大きくするものだからです。

しかし、実際に実験を行ってみると、提案するA氏の立場の人が、決定権があるからといって自分に有利な提案をすることはさほど多くなく、むしろ取り分を半々とするような公平な提案をする場合が多いことがわかったのです。しかも、A氏が自分の取り分を極端に多くするような提案をした場合は、B氏が拒否するケースが多いのです。

一般的には、B氏の取り分が30％以下になるとB氏が拒否することが多いようです（ただし、金額の大小や被験者の経済状況にも影響されます）。また、こうした最後通牒ゲームの実験結果は、被験者の年代や国籍にあまり影響されず、高い普遍性を持つことが確認されています（Camerer, 2006.）。

この実験結果において重要なのは、実際のヒトは伝統的経済学の予想に反して、「不合理」な意思決定を行うという点です。

たとえA氏の取り分よりどれだけ少ない額であっても、0円よりは多いのだから、B氏は常に承認すべきだという「合理的」な考えは、ヒトでは一般的ではありません。ヒトは公正ではない人物に罰を与えたいという思いを強く持っているのです。たとえ自分の取り分が0円になったとしても、公平でない人物の好きなようにはさせないと考えるのがむしろ一般的です。

こうして、ヒトの分配に関する選好には、**「不平等回避」**と呼ぶべき性質があることがわかります。ヒトは、本人の利益と他者の利益を比較して、それが平等な状態から乖離《かいり》しているほど強く不満を感じるということです。

脳機能からもわかったヒトの意思決定

21世紀になると、神経科学の知見や技術を活用して、ヒトの意思決定に関して研究することが盛んになり、神経経済学と呼ばれるようになりました。社会的選好において重要となる不平等回避についても、神経経済学研究が盛んに行われています。

活動中の脳をさまざまな方法で測定し、脳の各部分の機能を画像化することを「脳機能イメージング」と呼びますが、脳機能イメージングの代表的方法として機能的磁気共鳴画像法（fMRI）があります。

最後通牒ゲームを行っている人の脳を、fMRIを用いて計測した結果、不平等な状況において憤《いきどお》りに関連する脳の部位が活性化することが確認されました（Sanfy et al, 2006.）。

不公平な提案をされたときのヒトは、脳の3つの部位が活性化します。「前頭《ぜんとう》皮質《ひしつ》の両側（次ページ図上A：R.insula およびL.insula）」「前帯状《ぜんたいじょう》皮質《ひしつ》（次ページ図上A：ACC）」「背外側前頭前《はいがいそくぜんとうぜん》皮質《ひしつ》の両側（次ページ図上B）」の3つです。

これら活性化した部位は、それぞれ「不公平な提案に対する憤り」「自分の利益と相手への憤りの間の葛藤《かっとう》」「憤りの抑制」に対応していると考えられます。

さらに、脳機能イメージングの研究により、不平等回避に役立つ行動をすることでヒトは満足を得ることが示唆されています。不平等を回避しようとする行動の例

ヒトの意思決定による脳の活性化

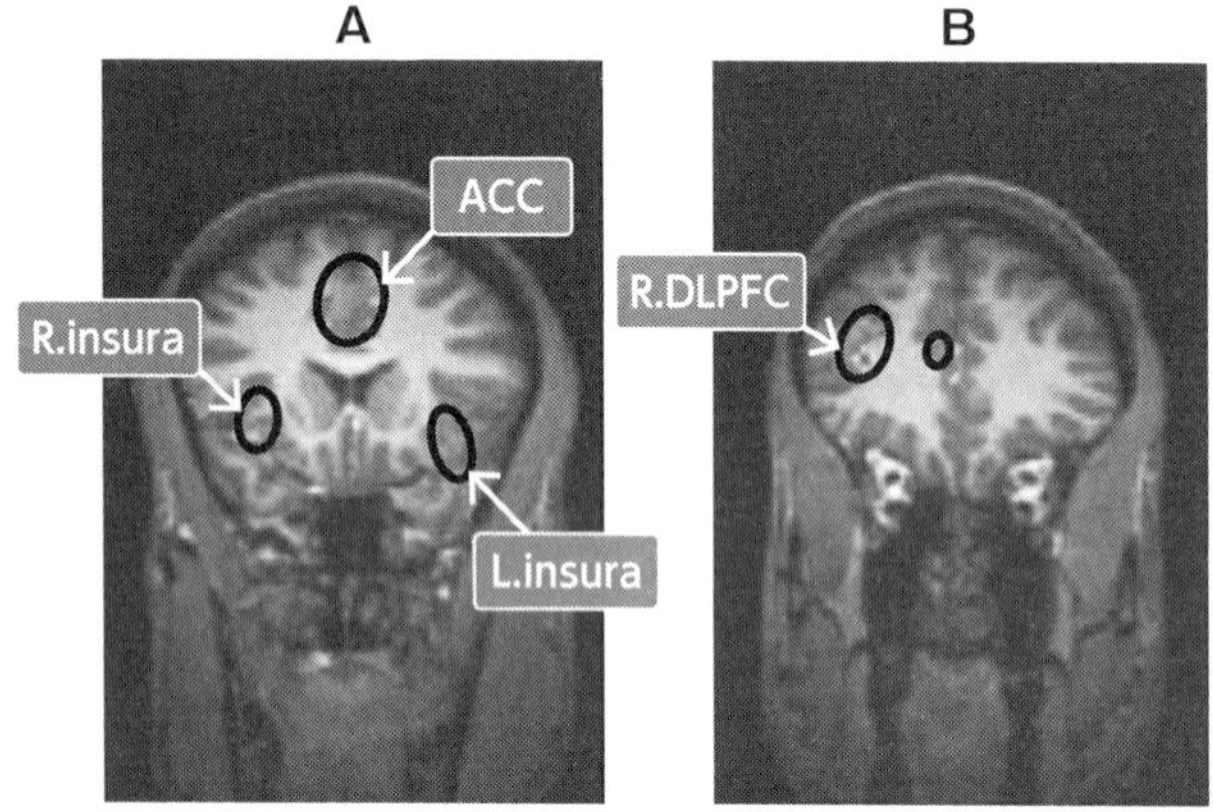

出所：Santy et al, 2006.

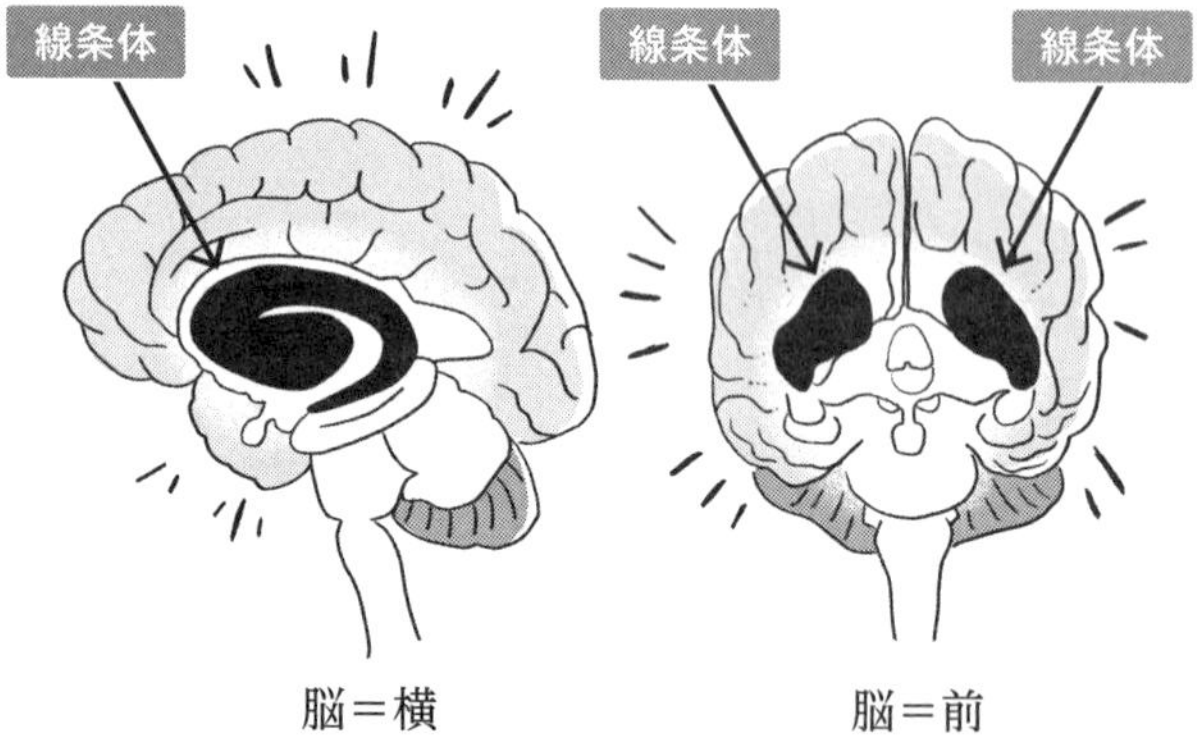

出所：de Quervain et al, 2004.

として、規範（社会的ルール）を守らない者に罰を与えるということが挙げられます。ルールを破った裏切り者を罰するときに、シンボリックな（裏切り者の経済的利益を減らさない）罰を与えた場合と、実際的な（裏切り者の経済的利益を減らす）罰を与えた場合との脳の状態の違いについて、陽電子画像法（PET：脳機能イメージングの一種）を用いて調べた研究があります（de Quervain et al., 2004.）〈前ページ図下参照〉。

その結果、シンボリックな罰を与えた場合よりも実際的な罰を与えた場合のほうが、線条体《せんじょうたい》の一部が強く活性化することが確認されました。

線条体とは、脳の報酬系《ほうしゅうけい》に関わる部位です（報酬系：欲求が満たされたときに活性化し、快い感覚をもたらす神経系）。線条体の一部が活性化したことは、その人が快い感覚を得ていることを示唆します。

ヒトのバイアスは進化的適応である

ここまで、行動バイアスの代表的なものとして「近視眼性」「限定合理性」「社会的選好」の3つについて、さらにヒトの意思決定に関しての脳の働きについて説明してきました。

前述のように、リチャード・セイラーのノーベル経済学賞受賞において、具体的業績として列挙されたことからもわかるように、これら3つの概念は行動経済学において重要な位置を占めています。

ここで改めて注目したいのは、ヒトはなぜこれらの行動バイアスを持っているのかという観点です。

結論から言うと、ヒトがこれらの行動バイアスを持っているのは、ヒトの進化的適応の結果であると考えられます。これについては、動物行動学者の小林朋道氏が『進化教育学入門』のあとがきにおいて、あくまでも仮説であるとしながらも、説得力のある説明を展開しています。以下に、小林氏の説明をまとめてみます。

●近視眼性

狩猟採集生活において、手に入れた動物の肉や果物は、いつまでも価値を失うことなく存在する保証はなかった。腐ったり、野生動物に取られたり、さまざまな理由でいずれは価値を損なう可能性があった。したがって、将来手に入る予定のもの（実際はどうなるかわからない）よりも、すぐに手に入るもののほうに高い価値を感じる性質は有利であった。

●限定合理性

狩猟採集生活には貨幣（異質なものを互いに交換できる共通媒体物）はなかった。衣類が余っていたとしても、その余りを食べ物に回すことはできなかった。このような生活においては、「家計簿」を衣類部門、食べ物部門のように独立した項目としたうえで、個々の不足・充足は各項目のなかで考えるという性質が有利であった。

●社会的選好（社会的選択）

狩猟採集の時代は、ヒトは150人以下の集団のなかで生活していた。集団内の個々人は互いに顔見知りであった。そうした集団内では、「基本的には互いに協力しようとする心理」と「自分は協力せず、他人の協力によって利益だけを得ようとする個体を非難する心理」を併せ持つ個体が、最も大きな利益を得た。

3つの特性のいずれも、ヒトの進化プロセスにおいて、自然のなかでの狩猟採集生活に有利だったため、進化的適応の産物として、ヒトに一般的な性質となったというわけです。

ヒトの経済活動を理解し、予測するうえで、ヒトが進化的適応の産物であることを考慮すべきという観点は、行動経済学の基盤をなしているると言えるでしょう。

(2) 行動経済学を応用した格差の是正

ヒトが進化的適応の産物であるという観点に基づいた行動経済学は、20世紀の終わりから21世紀にかけて大いに発展し、今日では社会的課題の解決に応用されるまでになっています。

たとえば、男女格差における問題も行動経済学を応用して解決しようという試みがなされています。こうした差別は、ヒトの進化的適応の産物です。

２０１８年8月、東京医科大学の過去の入学試験で、女子受験生を一律に減点するという不適切な得点調整が行われていたことが発覚しました。明らかな女性差別として大きな注目を集め、厚生労働省が全国81大学を調査する事態に発展しました。

こうした問題について、行動経済学の観点から考えてみたいと思います。

無意識のバイアスのもとに行われる性差別

不正行為が意図的・意識的な場合には、行為者は不正を行っていることを自覚しているため、不正を止めさせることは可能です。むしろ懸念されるのは、行為者が無意識のバイアスを持っている場合です。

仮に就職の面接において、面接スタッフが就職希望の女性の能力を無意識に低く見積もっていたとしても、無意識であるがゆえに改善することは容易ではないように思われます。

人の採用において、実際に無意識の女性差別が行われていたことを確認した研究があります。1970年代後半、アメリカの有力オーケストラでは男性演奏家が圧倒的に多く、女性演奏家の割合はわずか5%でした。しかし、演奏家の採用試験に**「ブラインド・オーディション」**と呼ばれる方式を導入したことで、女性演奏家の数が飛躍的に増えたのです（Goldin and Rouse, 2000.）。

ブラインド・オーディションとは、審査員と演奏者の間にカーテンを設置し、演奏者を審査員から見えなくする方式のことです。演奏者の顔も性別もわからない状況下で演奏のみを評価対象とする状況を作り出します。

ブラインド・オーディションが実施される前は、審査員は自分が性別についてバイアスを持っていることを自覚しておらず、純粋に演奏者の演奏能力のみで判断しているつもりだったのかもしれません。しかし、実際には演奏者の性別が判断に大きな影響を与えていました。

無意識が生み出す差別をなくすには、カーテンのように人々の行動変容をうながすようなデザインを導入することが効果的です。現代社会には多くの課題が存在しますが、課題の存在を知っただけでは、なかなか人々の行動は変わりません。行動を変えやすくするデザインが必要です。

無意識のバイアスを可視化する「行動デザイン」

行動経済学者・リチャード・セイラー（シカゴ大学）は『実践 行動経済学』（日経BP社、２００９年）のなかで、行動デザインを「選択アーキテクチャ」と呼びました。この用語は、「選択者の自由意思にまったく（あるいはほとんど）影響を与えることなく、適切な判断へと導くための制御あるいは提案の枠組み」と定義されます。

適切な行動デザインとは、人々が無意識に持っているバイアスを可視化し、人々が結果として望ましい行動を取るように仕向ける手法です。性別や人種による差別の解消に効果が期待できるとして、近年は世界的に注目されるようになり、各国の政府や企業での導入が進められています。

行動デザインが期待されている理由として、ヒトは無意識のバイアスを持っているため、伝統的経済学に基づいた予想通りには行動してくれないという認識が広まったことが挙げられます。

たとえば、ジェンダー格差について見ると、女性の社会進出は進んだものの、男女の賃金格差や女性管理職の少なさなど、依然として問題は解消されていません。伝統的な経済学の考え方に基づくと、自由競争の結果、ジェンダー格差は解消されると予想されていました。生産性を高めるためには、性別にかかわらず、能力に基づいて、有能な人材を昇進させるべきです。有能な女性を差し置いて、能力の低い男性を管理職に採用するような企業は、生産性が低下し、市場から消えていくと考えられます。

こうして、能力主義ではない企業は淘汰《とうた》され、女性管理職は増加するだろうと予想されていたのです。しかし、実際には女性管理職はそれほど増えませんでした。

予想と現実が一致しないことから、伝統的な経済学では想定していない別の要因が影響している可能性が考えられます。そこで注目されるようになったのが、行動経済学において重視されている無意識のバイアスなのです。

行動デザインでジェンダー格差を是正する

アメリカの著名な行動経済学者であるイリス・ボネットは、主著の『WORK DESIGN ワークデザイン―行動経済学でジェンダー格差を克服する』（NTT出版、2018年）において、「行動デザイン」を活用し、ジェンダー格差を是正するための具体的な解決策を、強力なエビデンスを伴う形で提示しています。

ボネットは、大切なのは「DESIGN」の3要素であると述べています。ここでのDESIGNとは、次の3つの言葉の略です。

D＝データ（Data）
E＝実験（Experiment）
SIGN＝標識（Signpost）

有効な行動デザインを設計するためには、まずはデータを集めることが必要です。

たとえば会社ならば、過去5年間の男女の採用人数、昇進人数、給与などです。学校ならば、男女の読み書き能力の変化などです。こうしたデータを集めることで、ジェンダー格差の存在が可視化されます。

データ収集のあとには実験を行います。実験の設計は比較グループを用いた形にします（有効性を科学的な根拠に基づいて検証するためです）。実験で検証するのは、人々に好ましい行動をうながす**「標識」**の有効性です。不平等の是正につながる行動をうながす標識を設計し、その有効性を実験によって検証するのです。

ボネットは標識の例として、以下を挙げています。

・レストランの店頭に掲げる表示
・面接の手順
・オフィスの壁に飾る肖像やポスター

標識の役割は、「正しいやり方を頭に叩《たた》き込んだり、その都度じっくり考えたりしなくても、人々が適切な行動を取れる状況を作ること」です。

ボネットは標識の説明のために、ホテルの部屋の照明を自動的に点灯・消灯するカードキーを置きました。環境意識の高いお客でも退室時の消灯を忘れることが多いことに気づいたホテル側は、退室時にカードキーを抜くと自動的に消灯する仕組みを導入しました（現在では、ほとんどのホテルが導入しています）。

これは、消灯を呼びかけるなどをして、お客の意識を高めようというのではなく、賢明なデザインによって問題を解決しようという方法です。

このカードキーのように、「バイアスの影響から逃れられない人間の頭脳がバイアスを排除して意思決定できるようにする仕組み」を設計することが、行動デザインにおいては重要です。

人間の思考そのものを変えるのは、不可能とは言えませんが、非常に難しいことです。行動デザインにおいては、「人間の思考そのものを変える」ことは目指しません。たとえ人々の思考様式は変わらなくても、行動を改めさせることができればそれで良いと考えます。

ジェンダー格差に関する行動経済学的研究

ボネットの著書でも紹介されている、ジェンダー格差に関する行動経済学的研究の例をいくつか紹介しましょう。まずは、ジェンダーに関するバイアス（偏った見方や行動）が実際に確認された（可視化された）研究例です。

【ジェンダー格差の存在を確認した研究】

●ハイディ・ハワード実験：性別が違うと好感度が逆になる

同じ内容の文章（人物紹介）を提示しても、対象人物の名前が女性か男性かによって好感度に差があることが明らかとなっています。

コロンビア大学ビジネススクールのフランク・フリン教授とニューヨーク大学のキャメロン・アンダーソン教授が、２００３年に共同で行った実験の結果です(McGinn and Tempest, 2000.)。

学生を2つのグループに分けて、「強烈な個性の持ち主で……ハイテク分野の著名な経営者にも顔が広かった。こうした幅広い人脈を活用して成功した」という物語（人物紹介）を読ませます。ただし、対象人物の名前を、片方のグループに対しては「ハイディ」（女性名）とし、もう片方のグループに対しては「ハワード」（男性名）とします。

2つのグループの対象人物に対する反応を確認したところ、両グループとも、能

「この人の人間性についてどう思う？」
○強烈な個性を持つ
○有名な経営者にも顔が広い
○幅広い人脈を活用して成功した
ハワード
という男性
頼りがいがありそう
リーダーシップがある気がする
面白い人だと思うわ！
ハイディ
という女性
ちょっと怖そう…
自己中なんじゃない？
部下にはしたくないかも…

力面や実績面では対象人物を同じように高く評価しました。しかし、人間性の面に関しては、ハワード（男性名）に対してはプラスの評価をしましたが、ハイディ（女性名）に対してはマイナスの評価を与えて、「自己中心的である」「自分の部下には採用したくない」というような反応を示しました。

この傾向は男子学生にも女子学生にも同様に見られました。成功した男性は男性からも女性からも好かれるが、成功した女性は男性からも女性からも好かれないというかなり衝撃的な結果です。能力が同じであるにもかかわらず、性別が違うとまったく評価が変わることに、人々の意識にひそむジェンダーバイアスの根深さがうかがえます。

●ステレオタイプに反する就職

ジェンダーに関するステレオタイプが、人物評価に影響を与えることがあります。

ステレオタイプとは、ある社会的対象に対しての単純化された固定的なイメージのことです。たとえば、女性は男性よりも科学や数学ができないというイメージはステレオタイプの典型と言えます。

STEM（科学、テクノロジー、エンジニアリング、数学）分野において、成績が同じであっても、女性よりも男性が採用される確率が高いことを明らかにした研究があります（Reuben et al., 2014.）。

この研究では、被験者たちに数学の問題を解く人物を候補者のなかから採用させました。被験者が候補者の性別しか知らない場合には、男性が採用される確率は女性が採用される確率の約2倍となったのです。

被験者のこうしたバイアスは、候補者たちの実際の成績（共通の課題に取り組んだときの成績：正解率に男女の違いはない）を示されることで緩和されました（それでも完全に解消されたわけではありませんが）。

多くの実験で、男性あるいは女性のどちらか一方が多数を占めている職種に、同等の資質を持った男女を応募させた場合、採用される人の性別に偏りが生じることが示されています（Azmat and Petrongolo, 2014.）。

秘書になろうとする男性やエンジニアになろうとする女性など、ステレオタイプに反する職に就こうとする人は、他の候補者に対して資質が劣っていなくても、採用において差別を受けている現実があります。

●昇進格差

ある大手法律事務所（23カ国に33のオフィスを持つ）の弁護士について、給与、ボーナス、成績評価、学歴、雇用形態、キャリアの道筋、長期休業などのデータを収集し、分析しました（Ganguli et al., 2016.）。

その結果、退職率の違いなど、他のすべての要素の影響を排除したうえでも、男女には昇級格差が存在することが明らかとなりました。

また、この法律事務所はどの国でも同じ方針で運営されているはずです。それにもかかわらず、格差の度合いには国による違いがありました。ロシア、シンガポール、タイといったステレオタイプの強い国（ジェンダーギャップ指数の高い国）は、女性弁護士の昇進が特に難しいことが確認されています。

ダイバーシティ研修に関する問題点

ダイバーシティ研修は、一般に性別、人種、国籍、雇用形態等、多様性を受け入れ、多様な人材が活躍する組織作りを目的として行われるものです。ジェンダー格差の是正に対して効果がありそうな研修ですが、近年は問題点が指摘されています。

●研修の効果が検証されていない

ダイバーシティ研修、モラル教育、広告キャンペーンなど、偏見を緩和するための取り組みについて、全般的に効果が検証されていないことが指摘されています(Paluck1 and Green, 2009.)。

●免罪符効果の可能性

ダイバーシティ研修が免罪符効果を生む可能性があります(Bohnet, 2018.)。人は好ましい行動をしたあとは、悪い行動を取る傾向があることが知られています。たとえば、マルチビタミン剤(サプリメント:健康に良いと思われている)を飲んだと自覚している人は、その後にタバコを吸う割合が大きくなったという実験結果があります。

また、2008年のアメリカ大統領選でオバマへの支持を表明した人は、その後にアフリカ系アメリカ人を差別する確率が高まったという実験結果があります。

差別的なマネジャーがダイバーシティ研修を受けたことにより、自分が免罪符を得たと感じ、面接のときに差別的な態度を取ってもかまわないと思うかもしれないという懸念があります。

効果のあった行動デザインの実例

ダイバーシティ研修に効果がなくても、あきらめることはありません。行動デザインによって男女差別が緩和された実例があります。それはヒトの視覚的効果であったり、人との関わりであったり、人事的なものであったりと、その効果の多様性が生まれてきています。

●肖像の効果

学生がスピーチをする部屋の壁に女性リーダー（ヒラリー・クリントンなど）の写真を飾った場合、写真を見た女子学生は、男性リーダーの写真を見た場合や誰の写真も見なかった場合と比較して、スピーチがより長くなり、またスピーチに対する自己評価や審査員による評価が高まることが確認されています（Dasgupta and Rivera, 2004.）。

男子学生には、このような写真の影響は見られませんでした。たとえ肖像であっても、既存のステレオタイプを打破するようなロールモデル（お手本になる人物）の存在は、女子学生の積極的な行動を促進する効果があることが示唆されます。

多くの組織では取締役会議室に歴代のリーダー（ほとんどの場合すべて男性）の肖像が飾られていますが、このような状況はステレオタイプに反する思考をうながす環境にはほど遠いとボネットは指摘しています。この状況はデザインによって簡単に解消できます（肖像を変更すれば良いだけです）。

●ロールモデルとしての教員

アメリカの空軍士官学校では、必修科目のクラス分けを無作為（ランダム）に行っています。そのため、担当教員の性別が学生に及ぼす影響について検証することができます。

調査の結果、女子学生がＳＴＥＭ分野の専攻を選択するかどうかについて、受講した入門コースの教員の性別が影響することが確認されています（Scott et al, 2010.）。ＳＴＥＭ系科目の入門コースで女性教員のクラスになった女子学生は、男性教員のクラスになった場合と比べて、その後の専攻選択の際にＳＴＥＭ系を選ぶ割合が大きくなりました。一方、男子学生の専攻分野選択においては、教員の性別の影響はありませんでした。

●人事評価のデザイン

ボネットと共同研究者は、候補者の評価を行う人物に2人の候補者を比較する形で判断させることで、ステレオタイプが解消されることを確認しました（Bohnet et al.,2016.）。

これは、意識的に2人を比較して評価させるデザインにすることにより、評価者が無意識のステレオタイプのイメージに影響されるのを回避する効果が生じたためと考えられます。

実験では、被験者に特定のタイプの問題を解く人物を候補者のなかから選ばせま

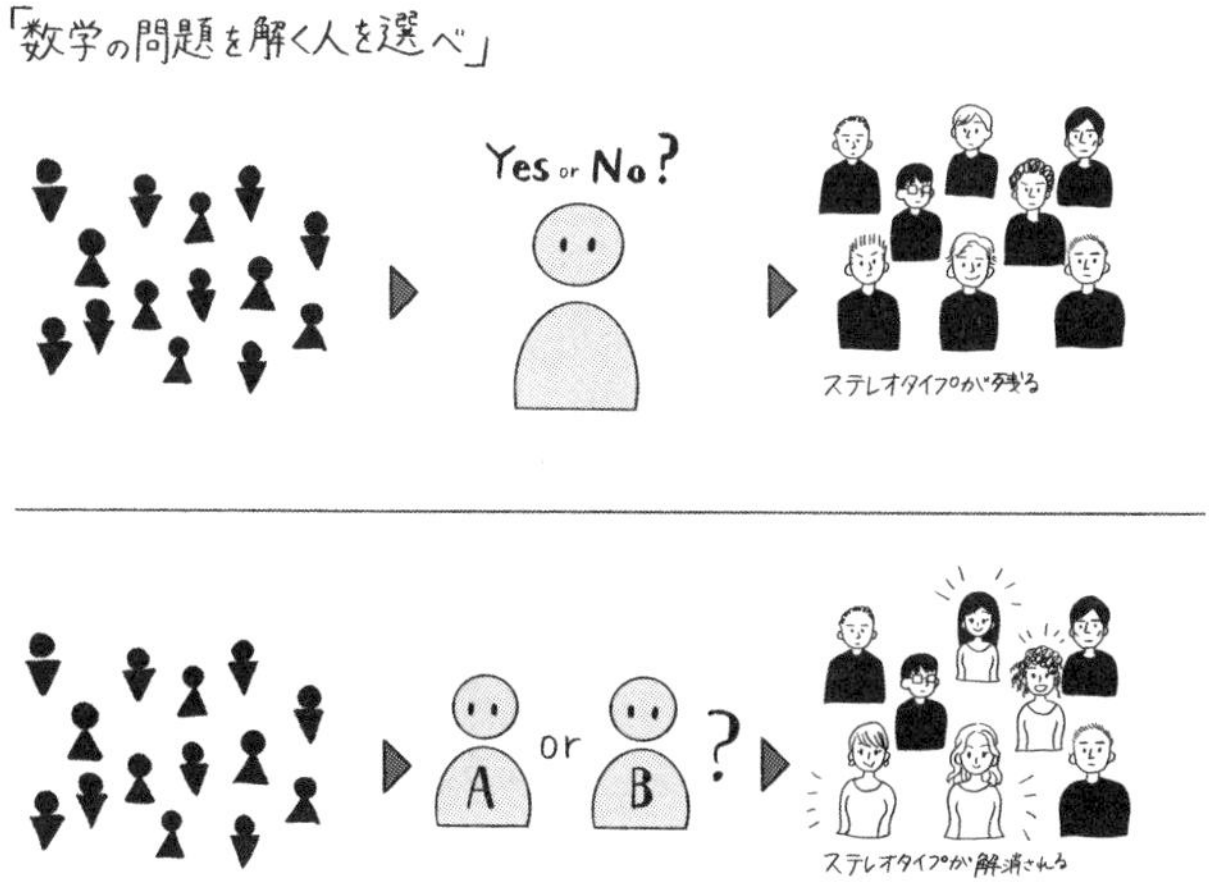

した。候補者が解くべき問題は、あえてステレオタイプの強い2種類の問題にしました。男性向けというステレオタイプの強い「数学の問題」と、女性向けというステレオタイプの強い「言語の問題」の2つです。

被験者に1人の候補者だけを検討させた場合（提示された1人の候補者を採用するかしないかを決める。採用しないときは候補者リストから無作為に1人を選ぶ）には、ステレオタイプの影響が見られました。数学問題には男性の候補者が、言語問題には女性の候補者が選ばれる確率が高かったのです。

しかし、被験者に2人の候補者を検討させた場合（提示された2人の候補者のいずれかを選ぶか、どちらも選ばずに候補者リストから無作為に1人を選ぶ）では、こうしたステレオタイプは解消されました。

進化学的人間観の影響が社会全体に及ぶ時代

行動デザインを活用したアプローチは、データを収集し、効果的なデザインの構築に向けて試行錯誤を繰り返し、その効果を実験により検証するという手続きを踏みます。実験により仮説（行動デザインのアイデア）の検証を繰り返すスタイルは、まさに自然科学の手法そのものです。

本章で紹介した取り組み事例は、ジェンダー格差の解消を目指したものでした。しかし、行動デザインの考え方は、医療、教育、環境など、さまざまな社会的課題について適用が可能です。

ヒトも進化の産物であり、ヒトの心理や行動には進化的適応の結果としての傾向や偏りがあるという観点（進化学的人間観）は、進化心理学や行動経済学の本質を形作っています。

行動経済学の研究が進み、今日、社会的課題の解決に応用されるまでに発展したことは、進化学的人間観の影響が、一部の専門家集団を超えて、社会全体に及ぶ時代になったことを示していると言えるでしょう。

【引用文献】

- Azmat, G. and B. Petrongolo. 2014. Gender and the Labor Market. What Have We Learned from Field and Lab Experiments? Labour Economics 30: 32-40.
- Bohnet, I. 2016. What Works: Gender Equality by Design. Belknap Press of Harvard University Press. 池村千秋（訳）、２０１８年、『ＷＯＲＫ ＤＥＳＩＧＮ（ワークデザイン）：行動経済学でジェンダー格差を克服する』ＮＴＴ出版
- Bohnet, I., A. van Geen and M. H. Bazerman. 2016. When Performance Trumps Gender Bias: Joint Versus Separate Evaluation. Management Science: 62(5): 1225-1234.
- Colin, F. C. Behavioral Game Theory-Experiments in Strategic Interaction. Princeton, NJ: Princeton University Press. 2006.
- Dominique, J. F. de Quervain, U. Fischbacher, V. Treyer, M. Schellhammer, U. Schnyder, A. Buck, E. Fehr. 2004. The neural basis of altruistic punishment. Science 305(5688): 1254-1258.
- Ganguli, I., R. Hausmann and M. Viarengo. 2016. Gender Differences in Professional Career Dynamics: New Evidence from a Global Law Firm. Mimeo. Cambridge, MA: Harvard University.
- Goldin, C. and C. Rouse. 2000. Orchestrating Impartiality: The Impact of “Blind” Auditions on Female Musicians. The American Economic Review 90(4): 715-741.
- 池田新介、２００９年、「時間割引と肥満」基礎心理学研究 28(1): 156-159.

- 池田新介、２００７年、「なぜあなたは太り、あの人はやせる?―経済学で考える肥満とやせの謎」第４回行動経済学シンポジウム
- 小林朋道、２０１８年、『進化教育学入門：動物行動学から見た学習』春秋社
- 真壁昭夫、２０１１年、『最新 行動経済学入門 「心」で読み解く景気とビジネス』朝日新聞出版
- McGinn, K. L., and N. Tempest. 2000. Heidi Roizen. Harvard Business School Case 800-228. (Revised 2010)
- Paluck1, E. L. and D. P. Green. 2009. Prejudice Reduction: What Works? A Review and Assessment of Research and Practice. Annual Review of Psychology 60: 339-367.
- Reuben, E., P. Sapienza and L. Zingales. 2014. How stereotypes impair women's careers in science. PNAS 111 (12): 4403-4408.
- Sanfey, A. G, J. K. Rilling, J. A. Aronson, L. E. Nystrom and J. D. Cohen. 2003. The neural basis of economic decision-making in the Ultimatum Game. Science 300(5626): 1755-1758.
- Scott, E. C., M. E. Page and J. E. West. 2010. Sex and Science: How Professor Gender Perpetuates the Gender Gap. The Quarterly Journal of Economics 125(3): 1101-1144.
- Thaler, R. H. 1985. Mental Accounting and Consumer Choice. Marketing Science 4(3): 199-214.
- Thaler, R. H., C. R. Sunstein. 2008. Nudge: Improving Decisions About Health, Wealth, and Happiness. Yale University Press. 遠藤真美（訳）、２００９年、『実践　行動経済学』日経ＢＰ社

- Tversky, A., and D. Kahneman. 1981. The framing of decisions and the psychology of choice. Science 211(4481): 453-458.
- 友野典男、２００６年、『行動経済学 経済は「感情」で動いている』光文社

第4章

同性愛は生産性がない!?
ヒトの行動の生物学的理解と自然主義の誤謬

(1) 同性愛に対する社会的関心の高まり

同性愛が受け入れられていない日本

2018年に「同性愛者は生産性がない」という政治家の発言が物議を醸しました。このように、近年、同性愛に対する社会的関心が高まっています（葛西、小渡、2018年）。

2012年3月、潘基文《パンギムン》国連事務総長がレズビアン・ゲイ・バイセクシュアル・トランスジェンダー（以下、LGBT）の人権保護を訴えるスピーチを行いました。このスピーチにより、性的指向や性自認を理由に暴力や差別を受けることがあってはならないことが世界的に明言されました。

また、同年6月にはアメリカで「同性婚を認めない連邦法は違憲である」という連邦最高裁の判決が下りました。現在、同性婚や同性カップルの権利を保障する制度を持つ国・地域は世界的に増加しています。

日本では２００４年に「性同一性障害特例法」が施行されました。これにより、医師の診断のもと一定の条件を満たせば性別の変更が認められるようになっていきます。

精神科医の針間克己《はりまかつき》氏によると、従来の性同一性障害や性分化疾患の治療は「男／女」どちらかの性に近づけるように行われてきましたが、今日では性のあり方は「男／女」に2分されるものではないという考え方が認識されるようになってきました（２０１４年）。

２０１３年に発行された「ＤＳＭ—５（Diagnostic and Statistical Manual of Disorders, fifth edition）」によって、従来の性同一性障害（Gender Identity Disorder）は、身体的性別や心理的性別が典型的な男性・女性以外の者も包括する性別違和（Gender Dysphoria）へと変更されました。個人によって異なったさまざまなジェンダーのあり方を尊重するという考え方に基づくものです
こうした制度改革がなされている一方で、日本においては、セクシュアル・マイ

ノリティであるがゆえに不利益を被《こうむ》ることがいまだに多いという報告があります。教育場面において「ホモ・おかま」といった言葉による暴力被害の経験者がゲイ・バイセクシュアル男性の54・5％にのぼるという報告（日高・木村・市川、2005年）や、異性愛者を装《よそお》うことにストレスを感じている男性同性愛者は抑うつや特性不安、孤独感、自己抑制型行動特性が高く、自己効力感が低かったという報告もあります（日高、2000年）。

2015年には、東京・渋谷区で同性カップルに婚姻関係と同等の扱いを認める証明書を発行するという条例案が成立し、同年4月1日施行されました。しかし、1000通を超える反対意見が区に押し寄せたり、抗議デモが行われたりしました（産経新聞）。

自然主義の誤謬——同性愛は不自然なことなのか？

多くの人が同性愛について間違った考えをする原因は、「同性愛者は子どもができない。これは不自然なことなので間違ったことである」といった倫理や道徳を持ち込んで議論するという点にあります。

しかし、こうした考えは「自然主義の誤謬《ごびゅう》」です。同性愛が良いことか悪いことかという疑問を自然現象や自然科学の知見に基づいて判定することはできません。

第1章で説明したように、事実から価値を導くことはできません。「〜である」から「〜すべき」は導けないわけです。仮に「子どもを作ることが自然な行為である」としても、「子どもを作るのは良いことである」「だから、子どもを作るべき」という結論は導かれません。自然の事実を倫理や道徳に関する善《よ》し悪《あ》しの根拠とすることはできないのです。

ここでは同性愛を、あくまでも生物（ヒト）として見た場合の事実としてとらえ、人間行動進化学の進化適応的側面から同性愛を考えてみたいと思います。

(2) 性別と性的指向について

「セクシュアル・マイノリティ」の概念

本書では、同性愛の定義として「性指向が異性ではなく，同性に向いていること」とします（和田、２０１０年）。同性愛者を含むセクシュアル・マイノリティの概念については、葛西真記子教授（鳴門教育大学）が整理をしています（２０１１年）。それによれば，人間の性には以下の側面があるとされます。

・身体の性（sex）：身体機能における性別のこと
・心の性（Gender Identity）：自分の性別についての本人の自覚
・社会的性（Gender）：社会文化的に作られた性役割のこと
・性的指向（Sexual Orientation）：性的欲望や恋愛感情の対象が何であるかのこと

男性が女性を、女性が男性を好きになる恋愛を「異性愛」と言い、これらの個人は「異性愛者」である（heterosexual）と言います。また、男性と男性、女性と女性の間の恋愛は「同性愛」と言い、これらの個人は「同性愛者」である（homosexual）と言います。

同性愛者は、心の性と性指向が一致していることになります。男性を好きになる男性は〝ゲイ（gay）〟、女性を好きになる女性は〝レズビアン（lesbian）〟と一般には分けられていますが、男女問わず〝ゲイ〟で表現することもあります。男女を問わずに性的魅力を感じる個人は、両性愛者（バイセクシュアル：bisexual）と言います。

一般的な性のあり方とは身体の性と性自認が一致しており、性的欲望や恋愛感情の対象が異性に向いている状態です。

性のあり方が、この組み合わせ以外の人を「セクシュアル・マイノリティ」と呼びます。また、身体の性と心の性が一致していない場合があり、そういった人々は**「性同一性障害（GID：Gender Identity Disorder）」**と呼ばれます。

前述のように、この用語は「DSM―5」においては性別違和という言葉に置き換えられていますが、現在のところ、性同一性障害のほうが呼び名としては一般的でしょう。性同一性障害は**「トランスジェンダー（Transgender）」**とも呼ばれます。

レズビアン、ゲイ、性同一性障害の3つを合わせてLGBと略されます。これにトランスジェンダーを加えたものをセクシュアル・マイノリティの意味でLGBTと表記することがしばしばあります。

(3) ヒトの性的指向も遺伝子の影響を受ける

今日では、ヒトの性的指向も遺伝子の影響を受けることが示されています。性的指向に限らず、特定の現象に遺伝子が関与しているかどうかを見極めるのには、双子を使ったリサーチが行われました（のちほど詳述します）。

一卵性双生児と二卵性双生児の同性愛者の出現率を比べたリサーチでは、一卵性双生児のほうが出現率が高くなり、よって性的指向は遺伝子上に書き込まれた情報であると現在のところ認識されています。

しかしながら、遺伝子の性的指向決定における強さは未解明です。

ヒトの遺伝子、遺伝学の基本

はじめに遺伝学の基本について説明します。

ヒトの身体は数十兆個の細胞からできています。これらの細胞のなかには核があり、核のなかには23対、46本の染色体が入っています（例外として、赤血球のように核を持たない細胞もあります）。

染色体にはDNAが折り畳まれています。DNAはデオキシリボ核酸という長いひも状の分子で、遺伝情報の担い手であり、遺伝子の本体です。DNAを構成する物質で特に重要なものは塩基《えんき》です。DNAの塩基は4種類（アデニン、グアニン、シトシン、チミン）あり、これら4種類の塩基の並び方（DNAの塩基配列）が遺伝情報となります。細胞分裂のときは、すべての染色体が複製されたあと、2等分されます。そのため、細胞分裂を繰り返しても、各細胞に含まれるＤＮＡは受精卵のＤＮＡと同じです。

ある遺伝子のＤＮＡの塩基配列は、その遺伝子に対応するタンパク質のアミノ酸配列を決めています。アミノ酸配列とは、タンパク質を構成する20種類のアミノ酸の並び方です。遺伝子によって作り出されたタンパク質は、その遺伝子が関係する性質に影響を与えます。

ＤＮＡは二重螺旋《らせん》構造をしており、塩基は対となった形で並んでいます。そのため、ＤＮＡの長さを塩基対の数として表すことができます。

ある生物種の持つ遺伝情報の総体を「ゲノム」と言います。前述のように、染色体はＤＮＡからできているので、ゲノムの大きさをＤＮＡ塩基対の数で表現することができます。

ヒトのゲノムは約30億個のＤＮＡ塩基対からできています。ヒトのゲノムとチンパンジーのゲノムとの違いは約１・２％です。30億の１・２％は３６００万ですから、ヒトとチンパンジーでは約３６００万個のＤＮＡ塩基対が異なっていることになります。このＤＮＡの差がヒトとチンパンジーの違いを作り出しています。

ヒトのゲノムの個人差は平均で約０・１％です。これは約３００万個のＤＮＡ塩基対が個人個人で異なっているということです（徳永、２０１４年）。このＤＮＡの差が、私たちの個性の源となっています。

遺伝と環境の影響を測る「双生児法」

先ほど一卵性双生児と二卵性双生児の同性愛者の出現率を比べるという話をしましたが、遺伝学では、遺伝子の同じ双子（一卵性双生児）からヒトの性質を比較していきます。こうした実験を「双生児法」と呼びます。

双生児法とは、双生児を研究対象として、ヒトの身体的性質や心的性質に対する遺伝的因子と環境的因子の影響を調べる方法のことです。

兄弟の外見や性格が似ていることは誰もが知っている常識でしょうが、それはなぜでしょうか？

兄弟同士は血がつながっているから、すなわち遺伝子を共有しているからという理由はすぐに思いつくでしょう。

しかし、もう1つ重要な理由があります。それは「環境の共通性」です。兄弟は一般に同じ家庭で育つので、環境をある程度共有しています。兄弟の類似について考えるときには、遺伝だけでなく環境の共通性にも考慮する必要があるわけです。

あとの説明に必要となるので、環境について少し詳しく述べておきましょう。双生児法では、環境を「共有環境」と「非共有環境」に区別します（安藤、2017年、佐々木、2017年）。共有環境とは、双生児の2人が共有しているがゆえに2人を類似させる環境のことです。

出生前の母親の胎内環境や出生後の家庭環境が共有環境と考えられます。双生児の2人を類似させる遺伝以外の要因のすべてが共有環境となります。それに対して、非共有環境とは、双生児の2人といえども共有しない、1人ひとりに固有な環境のことです。

同じ家で育っている双子だからといって、2人が完全に同じ環境（共有環境）だけを経験しているかというと、そうとは限りません。通常は非共有環境の影響も受けています。非共有環境とは、双生児の2人を類似させないように作用する環境と言えます。

一卵性双生児の外見は本当にそっくりなことが多いですが、二卵性双生児の外見はそこまでそっくりではありません。一卵性双生児は文字通り1つの受精卵に由来する双子です。1つの受精卵が発生の途中で2つに分かれ、別々に成長したわけです。

そのため、2人の遺伝子は100％一致します。それに対して、二卵性双生児は別々に受精した2つの受精卵が成長したものです。遺伝的には一般の兄弟と同じで、2人の遺伝子の一致度は平均50％となります。

双生児法では、調査対象である性質について、一卵性双生児での類似度と二卵性双生児での類似度を調べ、2つの類似度の差に注目します。一卵性双生児での類似度のほうが高いならば、その性質の個人差には遺伝子が影響していると考えられます。一卵性双生児での類似度と二卵性双生児での類似度が等しいならば、その性質の個人差に遺伝子は影響していないと考えられます。

「双生児法」で数値を算出してみると……

それでは双生児法に基づいて、ヒトの性質に対する遺伝と環境の影響を実際に算出してみましょう。

ここでは、行動遺伝学の第一人者である安藤寿康教授（慶應義塾大学）が用いている出生体重の例を挙げて解説していきます（安藤、２０１７年）。

まず、一卵性双生児の出生体重と二卵性双生児の出生体重のデータを用意します。統計的処理を適用できるように多くのデータが必要となります。

一般に、２種類のデータの間の類似度を表すには相関係数という統計量を用います。類似度が１００％（完全一致）だと相関係数は１、反対にまったく一致しないと相関係数は０になります。

双生児である２人の出生体重について、その類似度を示す相関係数を求めると、一卵性では０・70、二卵性では０・58でした。

一卵性双生児が類似しているのは、遺伝子が１００％一致していることに加えて、同じ環境、すなわち共有環境によるものと考えられます。したがって、類似度を式で表すと【0・70＝遺伝の影響＋共有環境の影響】となります。

二卵性双生児の場合、類似度の式はどうなるでしょう？

二卵性双生児では2人の遺伝子の一致度は50％で、一卵性の場合の半分です。そのため、遺伝が2人の類似度に及ぼす影響の大きさも一卵性の場合の半分と考えられます。したがって、類似度の式は【0・58（＝1／2）＝遺伝の影響＋共有環境の影響】となります。

ここで、この2つの類似度の式を連立方程式として解けば、遺伝の影響＝0・24（24％）、共有環境の影響＝0・46（46％）と算出されます。

さらに、遺伝の影響と共有環境の影響の数値が得られたことから、残った非共有環境の影響も算出することができます。

一卵性双生児の出生体重の相関係数0・7と完全一致の場合の相関係数1と比べると、その差は0・3です。この0・3（30％）は、双生児の2人を類似させない要因の影響と言えます。双生児の2人を類似させない要因とは、前に述べた非共有環境のことです。

まとめると、出生体重については、遺伝の影響、共有環境、非共有環境がそれぞれ24％、46％、30％となります。

このようにして、一卵性双生児と二卵性双生児の類似性のデータから、ヒトの性質に対する遺伝・共有環境・非共有環境の相対的な影響の大きさ（寄与率）を算出することができます。

ここでは、ヒトの性質の個人差を生み出す要因を遺伝と環境に分け、各要因の影響の大きさを算出する方法の1つである双生児法について、その基本的な考え方を説明しました。統計処理などのデータ分析に慣れていない方にとっては、少々難しかったかもしれません。

しかし、実はこれでもかなり簡略化されています。厳密には、遺伝の影響はさらに複数の種類（遺伝子の相加的効果と非相加的効果）に分割されますし、遺伝と環境の相互作用も考慮する必要があります。

データの処理においても、共分散構造分析（構造方程式モデリング）という高度な数理統計的手法を用います。しかし、基本的考え方は変わりません。

ヒトの心理的・行動的遺伝の影響は30〜50％

ここで影響や寄与という表現について、もう少し説明しておきましょう。どの性質にも個人差があります。遺伝の影響（寄与）が大きいということは、個人差の多くの部分が遺伝子の違いによって生み出されているということを意味します。ヒトの出生体重においては、先に紹介したように、遺伝の影響は24％、環境の影響は76％（＝46％＋30％）です。この数値から、ヒトの出生体重の個人差（ばらつき）は、その24％が個々人の遺伝子の違いによるものであり、その76％が個々人の経験する環境の違いによるものであると言えます。

ヒトの出生体重の個人差については、遺伝子の違いによる部分もあるものの、環境の違いによって生み出される部分が大きいということです。

ちなみに、遺伝の影響の割合（％）を「遺伝率」と呼ぶことがあります。ヒトの出生体重について遺伝の影響は全体の24％でしたから、遺伝率は24％となります（遺伝率の厳密な算出方法はもう少し複雑です。興味のある方は、次の文献を参照してください（安田徳一『初歩からの集団遺伝学』裳華房、２００７年）。

今日では、双生児法を用いて、さまざまな性質について遺伝の影響の大きさが明らかにされています。心理的・行動的性質の場合、遺伝の影響の大きさは30〜50％程度のものが多く、環境の影響については非共有環境の寄与率の高い性質が多いことが知られています（次ページ図）。

ヒトの「性的指向」にも遺伝が影響する

近年の多くの研究から、男性の同性愛（ゲイ）も女性の同性愛（レズビアン）も、環境的要因（母親の子宮内で浴びるホルモンなど）の影響が大きいものの、何らかの遺伝的要因も影響していると予想されています。

遺伝的要因と環境的要因の影響の大きさを明らかにするために、２０１０年にスウェーデンで大規模な双子調査が行われました。その結果、遺伝的要因も環境的要因も両方ともたしかに存在することが確認されました（Långström,et.al.; 2008.）。

研究者らはスウェーデンの双子登録制度を利用し、一卵性双子２３２０組、二卵

図4-1 さまざまな心理的形質における遺伝・共有環境・非共有環境の相対的寄与率

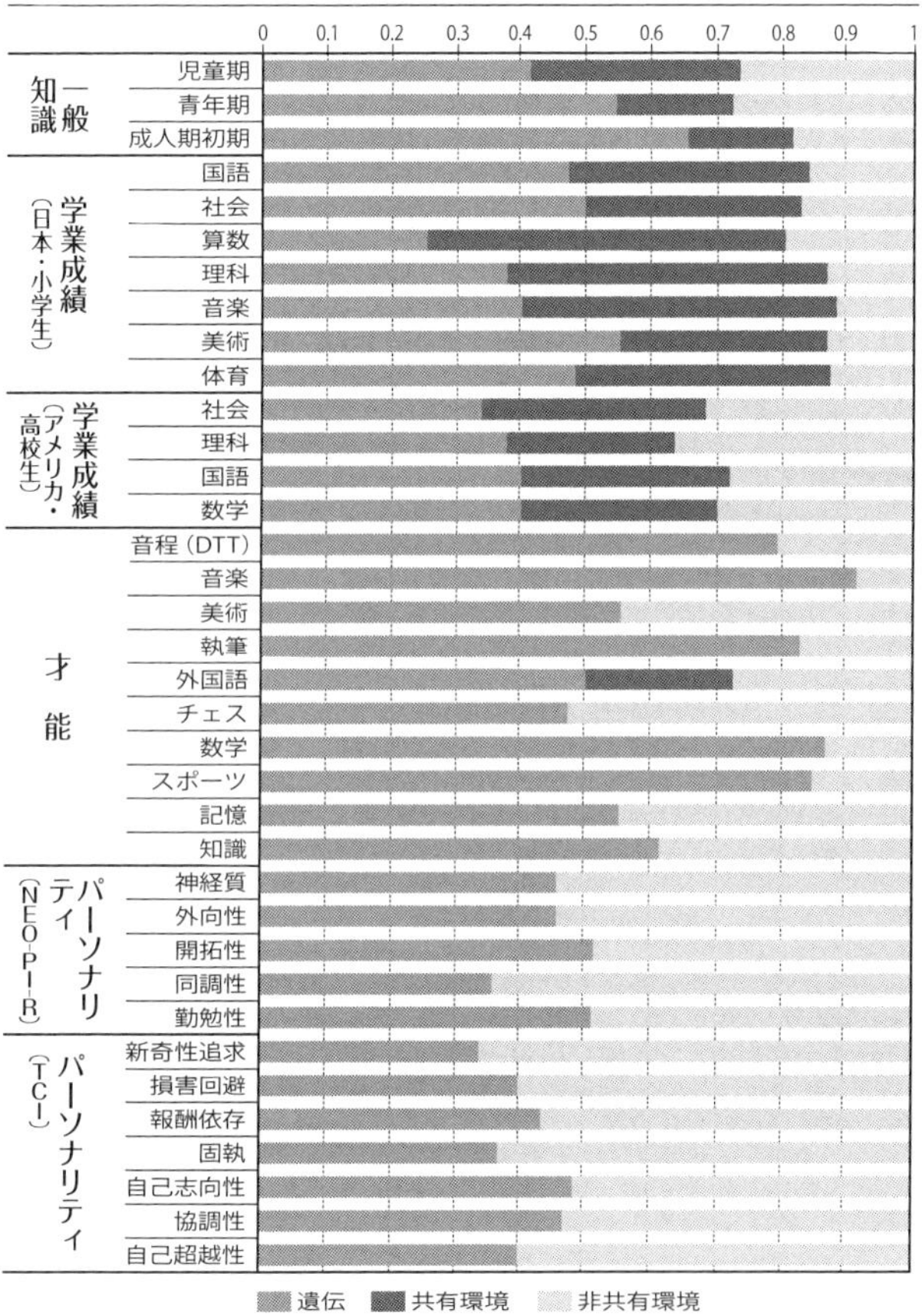

出所：Ando, figure 4 , 2017

性双生児（同性）１５０６組を対象に調査を行いました。調査対象者の男性の５％と女性の８％が、これまでに少なくとも一度は同性と性的関係を持ったことが確認されました。そして、双生児法による分析の結果、以下のことがわかりました。

- 2人そろって同性愛者である確率は、一卵性双生児のほうが二卵性双生児よりも高かったが、その差は小さかった。
- 性的指向の遺伝的要因の影響は、男性同性愛者で34～39％、女性同性愛者で18～19％であった。
- 男性の性的指向に対する共有環境の影響は0％、非共有環境（個人的な特異的環境）の影響は61～66％であり、非共有環境の割合が圧倒的であった。女性の場合、共有環境の影響は16～17％、非共有環境の影響は64～66％であった。

これらの結果は、過去の同様の調査と共通の傾向を示しています。すなわち、男女ともに性的指向には非共有環境の影響が強いものの遺伝も影響していること、および、女性の性的指向は男性と比べると遺伝の影響が小さいことです。

また近年は、このような双子調査に加えて、最先端の分子遺伝学的な手法を用いることにより、同性愛遺伝子の候補となるＤＮＡ領域の探索が行われています。

もっとも、同性愛となる可能性を高める遺伝子（ここでは、同性愛遺伝子と呼びます）は複数あることが予想されていて、多くの遺伝子の作用とさらに環境の影響も加わって、同性愛となるかどうかが決定されると考えられます。

サンダースたちの研究チームは、男性の性的指向と遺伝的要因との関連についての研究結果を報告しています（Sanders et al., 2017.）。

前述のように、男性の性的指向には複数の遺伝的要因と環境的要因が影響している証拠があります。しかし、男性の性的指向に関する分子遺伝学的な研究、たとえば、性的指向に影響する遺伝子がどの染色体のどの部位に存在するのかを明らかにするような研究は多くありません。

サンダースたちは、主にヨーロッパ系の男性同性愛者１０７７人と男性異性愛者１２３１人を対象として、男性の性的指向に関するＧＷＡＳ（全ゲノム関連解析）を実施しました。

その結果、一塩基多型（DNAの塩基配列中の1カ所で塩基の種類に個人差がある。たとえば、ある人ではその箇所の塩基はチミンだが、別の人ではシトシンになっている）のパターンが、男性同性愛者の集団と男性異性愛者の集団の間で異なっているDNA領域がいくつか検出され、違いが特に顕著な領域が2つありました。

そのDNA領域の1つは、13番染色体の「SLITRK6遺伝子」と「SLITRK5遺伝子」の間に位置する領域です。13番染色体上の「SLITRK6遺伝子」は神経発達に関係していて、その大半が間脳《かんのう》で働いています。間脳には視床下部《ししょうかぶ》という部位がありますが、視床下部の構造は男性の同性愛者と異性愛者とでは異なることが先行研究で知られています。

もう1つのDNA領域は、14番染色体の「TSHR（甲状腺刺激《こうじょうせんしげき》ホルモン受容体《じゅようたい》）遺伝子」の近くに位置しています。「TSHR遺伝子」は甲状腺の機能に関わっていると言われています。同性愛者はバセドウ病のリスクが高いとの報告があり、男性の性的指向と甲状腺の機能は関連している可能性があります。

これら2つの、男性同性愛者集団と男性異性愛者集団の間で特に顕著に異なっているDNA領域には、性的指向の発達に関連した遺伝子が存在する可能性がありま す。

将来的には、これらのDNA領域の塩基配列と性的指向の関係が解明され、同性愛者となる可能性が高くなる塩基配列や異性愛者となる可能性が高くなる塩基配列が特定されるかもしれません。そうなった場合には、これらのDNA領域における同性愛者となる可能性を高める塩基配列のタイプを「同性愛遺伝子」と呼んでもよいでしょう。

(4) 同性愛遺伝子はなぜ消失しないのか？

同性愛遺伝子のパラドックス

同性愛者が子どもを残すことはありますが、異性愛者と比べるとその確率ははるかに低いでしょう。しかし、世界中のどの地域にも同性愛者は存在し、男性の場合は3～4％が同性愛者です。

前述のように、DNA領域の違いから、ヒトの集団には同性愛を促進する遺伝子（ここでは同性愛遺伝子と呼びます）が存在することが示唆されています。しかし、自然選択の観点から言えば、子どもの数を減らすことになる行動に寄与する遺伝子は、世代を経るにつれて、集団中で頻度を減らし、ついには消失してしまうことが予想されます。

同性愛遺伝子は、子どもの数を減らすことになる行動に寄与する遺伝子ではないのでしょうか？　とすると、なぜヒトの集団には同性愛遺伝子が存在するのでしょうか？

この一見するとパラドックスと思われる状況（同性愛のパラドックス）に対して、それを解決する仮説がいろいろと提唱されています。

次に、その代表的なものを紹介します。

同性愛者遺伝子が消失しない理由：仮説①

進化の観点から遺伝子について考えるときに重要なのは、血縁関係のある個体同士は遺伝子を共有しているという事実です。

2つの個体の間の遺伝子の共有確率のことを**「個体間の血縁度」**と言います。ヒトの親子間では血縁度は0・5です。子どもは父親の精子と母親の卵子が受精することで誕生します。その精子には父親の全遺伝子の半分が入っており、卵子には母親の全遺伝子の半分が入っています。

したがって、受精卵（子ども）の全遺伝子の半分は父親と共通していて、子どもと父親の遺伝子の共有確率（血縁度）は0・5となります。子どもと母親の血縁度についても同様です。ちなみに、両親が同じである兄弟姉妹の間の血縁度は0・5、祖父と子あるいは祖母と子（祖父母から見ると孫）の間の血縁度は0・25となります。

自然選択のメカニズムを理解するうえで重要な概念に適応度があります。

適応度とは個体が次世代に残す子どもの数のことです。適応度の値は個体の生存率と繁殖率を掛け合わせたものとなります。次世代に残す子どもの数が多い（＝生存率や繁殖率が高い）個体は、環境に対してよく適応していると考えられます。そのため、次世代に残す子どもの数のことを、その個体の適応度と呼ぶと理解してください（詳細は第1章参照）。

一般に個体の生存や繁殖に有利な性質は世代交代を繰り返すにつれて集団内で増加します。逆に個体の生存や繁殖に不利な性質は世代交代を繰り返すにつれて集団内で減少します。これが自然選択の基本的なメカニズムです。

1964年にイギリスの進化生物学者、ウィリアム・D・ハミルトンが、社会性昆虫の利他行動の進化を説明するために**「包括適応度」**という概念を提唱しました。包括適応度とは、血縁者を通じて残される子の数も含めた適応度です。自分の子どもの数を減らしたとしても包括適応度を高めるような性質は、世代交代を通じて集団内で増加すると予想されます。

こうして、自分が子どもを残さなくても、自分と遺伝子の共有確率の高い血縁個体を助ける（たとえば、食糧を提供する、外敵から保護するなど）ことにより、血縁個体の生存率や繁殖率を増加させて、結果として自分の遺伝子を残すことができるとする説（血縁選択説）が生まれました。

この考え方に基づくと、社会性昆虫であるハチのワーカー（ハタラキバチ）は自分では繁殖しないが、姉妹である女王の養育・繁殖を手伝うことで、間接的に自分の遺伝子を次世代に残していることになります。

包括適応度や血縁選択説に関する研究は大いに発展し、今日では、自分の遺伝子のコピー数を基準とし、それらを次世代により多く残す性質（＝包括適応度をより高める性質）が自然選択によって進化すると考えるのが妥当であることが確認されています。

ヒトの場合、自分が直接に繁殖して子どもを1人作ることと、自分の兄弟姉妹に子ども（自分から見ると甥《おい》や姪《めい》）を2人作ってもらうことは、次世代に残す自分の遺伝子のコピー数という観点からは同じことになります。

「ゲイの伯父《おじ》（叔父）仮説」と呼ばれる説は、こうした血縁選択説の考え方を同性愛行動に当てはめたものです。

同性愛者の伯父（叔父）は自分で子を作らなくとも、血縁者の子育てをよく手助けすることとの結果として、血縁者の子孫（甥や姪など）の形で遺伝子が集団内に残りやすいという考え方です。この説は、手助けという観点に着目しているため「ヘルパー仮説」と呼ばれることもあります。

ここに「ゲイの伯父（叔父）仮説」を検証した研究があります。


カナダのダグ・ポール・ファンデルラーンとヴァセイ（レスブリッジ大学）は、太平洋のサモア島の住民を対象として調査しました（Vasey and VanderLaan , 2010.）。サモア島の住民の社会には、女性と男性（ストレートの男性）の他に、ファファフィネ（fa'afafine）という社会的に受容された第3の性別カテゴリーがあります。ファファファフィネは性的パートナーとして他の男性を好みます。

調査の結果、以下のことがわかりました。ファファファフィネの母親と祖母は繁殖率が高いこと、サモア島の女性やストレートな男性と比較して、ファファファフィネは親族を助ける意欲が特に強いことなどです。しかし、ファファファフィネは親族ではない子どもたちを助けることにはあまり関心を持っていないこともわかりました。

これらの結果は、「ゲイの伯父（叔父）仮説」から予測されることであり、仮説を支持するものです。

サモア島の住民の集団では、男性を好む遺伝子は、その遺伝子を持つ男性が自分で繁殖しなくとも、その男性が親族の繁殖を助けることにより、親族とその子孫を通じて、次世代に残ることができているという可能性が考えられるのです。

同性愛遺伝子が消失しない理由：仮説②

イタリアのカンペリオ＝キアーニ（パドヴァ大学）を中心とする研究チームは、同性愛者の男性を血縁者に持つ女性は、ストレート男性を血縁者に持つ女性と比較して、1・3倍の子どもがいることを明らかにしました（Camperio-Ciani, et.al.; 2004.）。

この結果がどのような原因で生じたものかは断定できませんが、以下のような可能性が考えられます。性的パートナーとして男性を好む遺伝子が存在し、その遺伝子を持つ人が女性である場合は、男性との性行動を活発に行い、多くの子どもを持つ結果になるということです。

性的パートナーとして男性を好む遺伝子は、男性を同性愛にする遺伝子とも言えます。この同性愛遺伝子は、男性となったときの繁殖率の低下を、女性となったときの繁殖率の増加で補っていて、結果として、集団中に保持されていると考えると、集団から消失していない理由を合理的に説明できます。

(5) 同性愛は差別される存在なのか?

同性愛差別の偏見とＩＱ

同性愛差別には一定の傾向があることが明らかとなっています。

同性愛者の権利（gay rights）に関する人々の反応は、同性愛という性的指向が生まれつきのものと考えるのか、または自己選択によるものと考えるかによって異なることが報告されています（Ernulf, et al., 1989; Whitley, 1990; Wood & Bartkowski, 2004.）。

同性愛が生まれつきのものと考える人々は、同性愛者の権利に対して肯定的な傾向があります。

和田実教授（名城大学）は、同性愛に対する態度が、回答者の性別（男性か女性か）および同性愛者タイプ（ゲイかレズビアンか）によって異なることを明らかにしました（和田、１９９６年、２００８年）。女性のほうが男性よりも同性愛者に対して好ましく思う傾向があり、また、女性のほうが男性よりもゲイに対してより受容的でした。

オーストラリアのクイーンズランド大学の研究者らは知能とＬＧＢＴへの態度の関連を調べました（Francisco, 2018.）。

この研究はＩＱの低さと同性愛嫌悪や人種差別との関連性を調べた先行研究を踏まえて行われました。研究者らは１万１５６４人のオーストラリア人を対象として、オーストラリアの調査機関Income and Labour Dynamics in Australia（ＨＩＬＤＡ）が行った調査を分析しています。

ＨＩＬＤＡの２０１２年の調査では認知能力を測定し、また２０１５年の調査では「同性カップルは異性カップルと同じ権利を有するべきか」という質問を行っています。研究者らは分析結果から、知能が低い人ほど同性カップルに対して偏見を抱いていたことを明らかにしました。

差別にはヒトの進化的起源があった？

ヒトの進化の過程では、仲間同士で集団を形成し、互いに協力し合うことは、生存や繁殖にとって重要であったと考えられます。

社会心理学者であるジム・シダニウスとフェリシア・プラットは、ヒトには集団間の優劣や序列（差別―被差別の階層構造）を肯定しようとする根強い心理傾向があるとして、この心理傾向を**「社会的支配志向性」**（social dominance orientation：SDO）と呼び、さらに社会的支配志向性に基づいた社会的支配理論を提唱しました。

彼らは、ヒトの社会的支配志向性には進化的起源があると主張しています（Sidanius and Pratto, 1999.）（三船、横田、２０１８年）。社会的支配理論では、集団単位の階層間の葛藤《かっとう》によって差別が生じると主張します（Pratto, Sidanius and Levin, 2006.）。ここでの集団とは、人種や民族、国籍、ジェンダーなどのことです。

社会的支配理論では、社会的支配志向性は偏見や差別を生み出す原因として重要であると考えます。社会的支配志向性によって、差別を正当化する偏見やイデオロギー（正当化神話）が生み出されます。実際に、社会的支配志向性の高い人は、さまざまなタイプの偏見（人種差別、ジェンダー差別、同性愛差別など）をより強く持つ傾向があることが示されています（Pratto et al., 1994.; Van Hiel and Mervielde, 2005.）。

広まっている誤った知識が偏見や差別の原因であると一般的には考えられがちです。しかし、社会的支配理論によれば、ヒトが集団間の差別―被差別の階層構造を自ら望んでいること（社会的支配志向性を持っていること）が差別の原因であり、誤った知識を含むさまざまな言説は、そうした人々の望みを叶《かな》えるための道具として利用されているということになります。

これらの研究の多くは欧米において行われてきましたが、社会的支配理論では、社会的支配志向性はヒトが進化的に身につけた心理傾向であり、その働きは人類に共通していると仮定されています。

その一方で、正当化神話の内容、たとえば、どのような集団に対して差別的な態度が向けられるのかは、それぞれの社会における歴史や文化によって決まるとされます（Pratto et al., 1994.）。

したがって、正当化神話のどのような具体的内容が社会的支配志向性と関連するのかについては、さまざまな文化において調査される必要があります。

差別はグローバルなトレンドとして減少していった

同性愛差別の問題を取り上げたことで、読者のなかには、近年は同性愛差別が悪化しているのかと懸念している方もいらっしゃるかもしれません。しかし実際には、同性愛差別は、人種差別や民族差別と同様に、世界的には減少しているようです。

国際レズビアン・ゲイ・バイセクシュアル・トランス・インターセックス協会（ＩＬＧＡ）が２０１７年に発表した統計によると、同性同士の性行為は70カ国以上（国連加盟国の約40％）で、いまだに違法とされています（次ページ図）。

かつてほとんどすべての国で同性愛行為は犯罪的だとされていました。大人同士の同意に基づく行為を制限すべきではないという議論を最初に行ったのは啓蒙《けいもう》運動期のモンテスキュー、ベッカリア、ベンサムです。

一部の国はすぐに同性愛を犯罪と扱うのをやめました。そして非犯罪化国は１９７０年頃から急増します（１９９ページ図）。

このように、同性同士の性行為を違法とする国はいまだに存在するものの、その数は明らかに減少傾向であり、長期的に見ると世界的傾向として同性愛差別は減少しているようです。

スティーブン・ピンカーは、２０１８年に出版した“*Enlightenment Now: The Case for Reason, Science, Humanism, and Progress*”『今こそ啓蒙運動：理性、科学、ヒューマニズム、そして進歩の正当化』のなかで、同性愛差別を含めて、人種差別や民族

図4－2 世界における同性愛者の合法・非合法の国

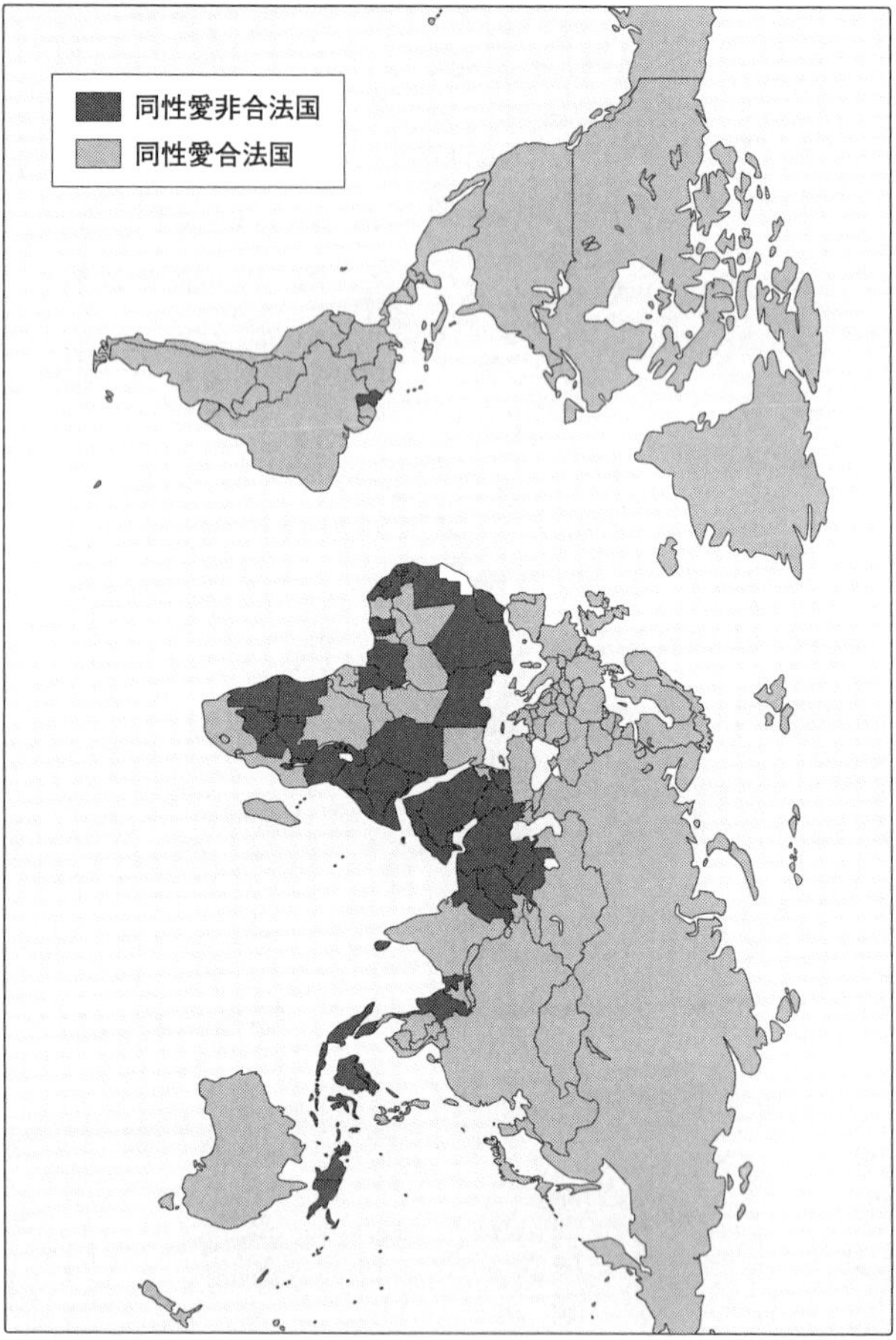

出所：国際レズビアン・ゲイ・バイセクシュアル・トランス・インターセックス協会（ILGA）

図4－3 同性愛の非犯罪化
(1791 ～ 2016)

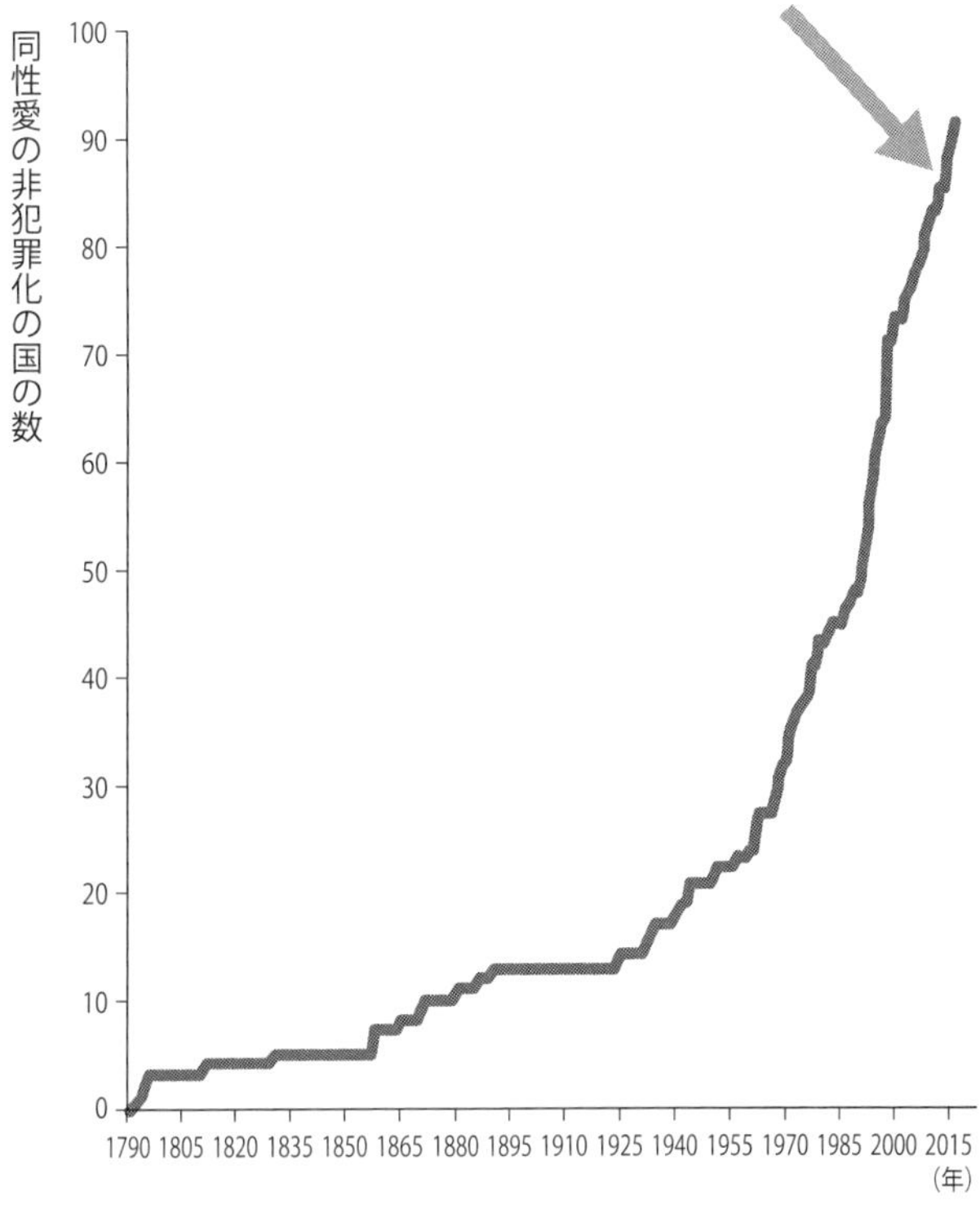

出所：Pinker, 2018, Figure15-5

差別などの差別全般について、世界的には減少傾向であることを述べています。

ピンカーの示すデータを見てみましょう。

１９５０年代には半数の国が何らかの人種民族差別的な法を持っていましたが、２００３年では5分の１以下になっています。２００８年の世界レベルの大規模な世論調査では90％以上が、人種的、民族的、宗教的な平等が重要だと答えています。平等権のランキングでは最下位のインドですら、59％は人種間の平等に、76％が宗教間の平等に是と答えています。

性差別についてもこのトレンドはグローバルです。

１９００年において女性参政権があったのはニュージーランドだけでしたが、今日バチカンを除けば男性に参政権があるすべての国で女性の参政権も認められています。

世論調査では85％が男女の完全な平等に賛成し、インドでも60％が賛成しています。１９９３年に国連は「女性に対する暴力の撤廃に関する宣言」を採択しました。それ以降、各国はレイプ、強制結婚、小児結婚、名誉殺人などの問題に取り組む法律を施行してきています。

宣言自体は罰則を伴っているわけではないものの、過去の奴隷、決闘、捕鯨、海賊、化学兵器などに対する宣言の実効性を考えると、長期的には希望が持てるだろうとピンカーは述べています。

「自由と平等」という価値観が求められる時代へ

全世界的に人種差別、性差別、同性愛差別を減らす方向へ向かう動きを、より客観的にとらえる方法として、ピンカーは政治科学者クリスチャン・ヴェルツェルによる**「解放価値」**（emancipative values）の議論を紹介しています。

ヴェルツェルは「社会が農業社会から産業社会，そして情報社会に移るにつれて人々は敵を叩《たた》くことより理想を示して幸福追求することを望むようになる」とし、人々は解放価値を重視するようになると考えました。解放価値とは、自由と平等を重んじる価値観で、「リベラル価値」と言い換えることもできます。

ヴェルツェルは世界価値観調査の結果を利用して、さまざまな地域や年代の人々の解放価値を数値化する手法を開発しました。

世界価値観調査とは、100以上の国（地域）を対象に、各国（地域）から成人男女、1000サンプルを目標に行われている国際的な大規模社会調査です。国（地域）の比較とともに、時系列の比較も可能で、質問項目は250以上にもおよび、人々の日常生活にまつわる一般的な信念・態度・価値観などを焦点にしています（真鍋一史、2013年）。

1960年から2006年の世界価値観調査のデータを用いて、ヴェルツェルの手法により数値化した解放価値の値を、地域（文化圏）別に示した推移グラフがあります（次ページ図）。

プロテスタント西ヨーロッパ、北アメリカ、カトリック南ヨーロッパ、中央東ヨーロッパ、旧ユーゴおよびソ連、東アジア、ラテンアメリカ、南アジアと東南アジア、サブサハラアフリカ、中東と北アフリカのイスラム国の10地域のグラフが示されていますが、すべての地域で着実に解放価値は上昇しています（Weltzel, 2013.）。

グラフは地域ごとに解放価値が大きく異なっていることを示していますが、そのすべての地域で人々は時間とともにリベラルになっていることがわかります。現在の（最も反リベラル的）中東のイスラムの若い人々の解放価値は1960年代の西

図4－4　世界地域におけるリベラル価値の推移（1960～2006）

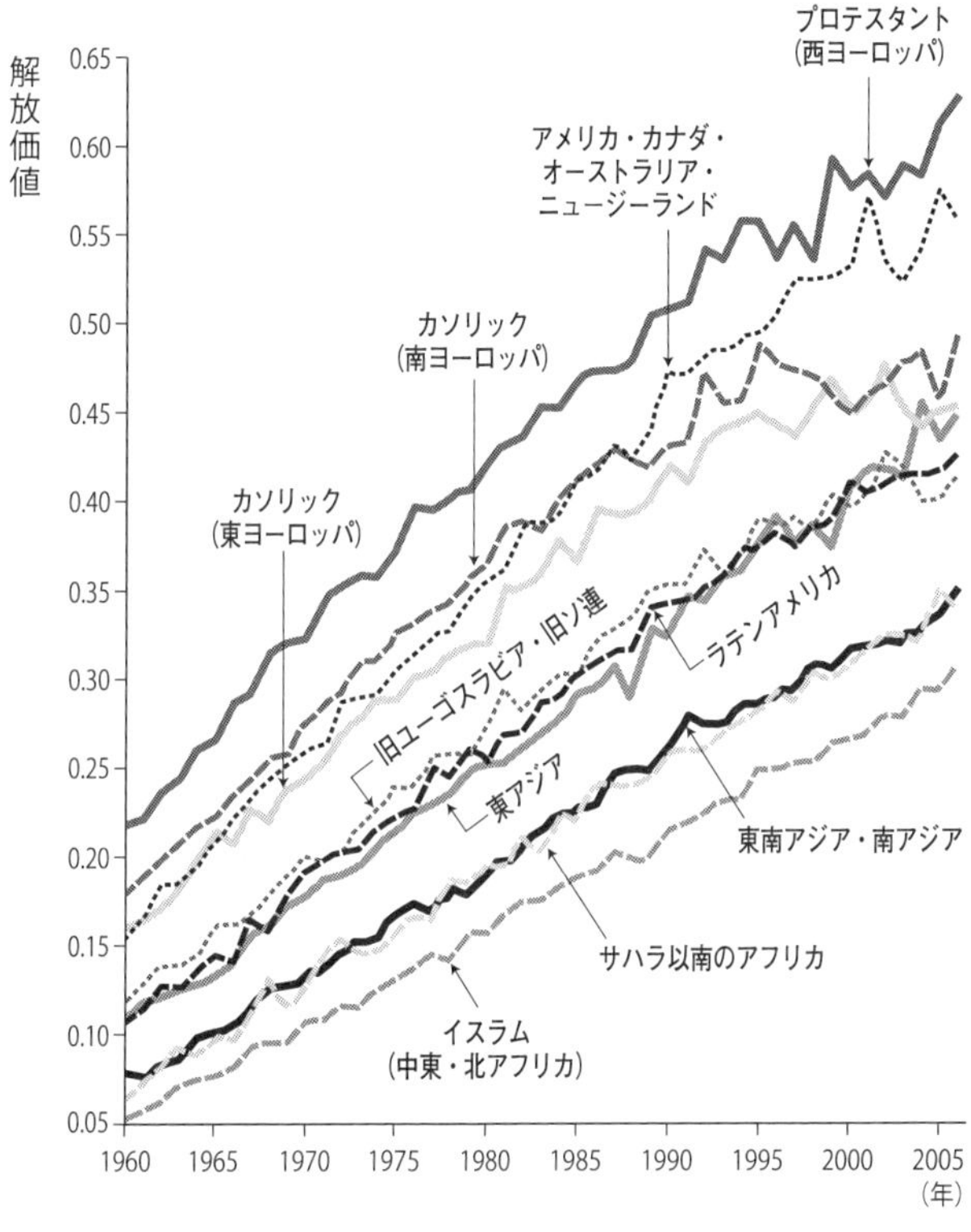

出所：Pinker, 2018, Figure15-5

ヨーロッパの若い人々と同程度です。

なお、中東では同じ世代の集団が時間とともにリベラルになる効果は小さいことがわかっています。これは、1人の人物の解放価値が一生涯あまり変わらないことを意味します。中東のリベラル化は主に世代交代の影響によるものということになります。


ヴェルツェルが解放価値を数値化したことによって、さまざまな因子が人々の解放価値にどの程度影響しているかを分析することができるようになりました。

解放価値に対する最も良い予測因子は世界銀行の「知識インデックス」です。世界銀行の知識インデックスとは、教育と情報アクセスと科学技術的生産性と法の支配を指標化したものです。ヴェルツェルは知識インデックスだけで解放価値の70％を説明できるとしています。

この結果は知識がモラルの向上を導くという啓蒙運動の洞察が正しいことを示しているとピンカーは述べています。

【引用文献】

・安藤寿康、２０１７年、「行動の遺伝学―ふたご研究のエビデンスから」日本生理人類学会誌 22 (2): 107-112.

・Camperio-Ciani, A., F. Corna, , and C. Capiluppi. 2004. Evidence for maternally inherited factors favouring male homosexuality and promoting female fecundity. Proc. Biol. Sci. 271(1554): 2217-2221.

・Francisco P. 2018. The cognitive roots of prejudice towards same-sex couples: An analysis of an Australian national sample. Intelligence 68(C): 117-127.

・日高康晴、２０００年、「ゲイ・バイセクシュアル男性の異性愛的役割葛藤と精神的健康に関する研究」思春期学 18: 264-272.

・日高康晴、木村博和、市川誠一、２００５年、「厚生労働省科学研究費補助金エイズ対策研究推進事業　ゲイ・バイセクシュアル男性の健康レポート２」厚生労働省エイズ対策研究事業「男性同性間のＨＩＶ　感染対策とその評価に関する研究」成果報告

・葛西真記子、２０１１年、「同性愛・両性愛肯定的カウンセリング自己効力感尺度日本語版（LGB―CSIJ）作成の試み」鳴門教育大学研究紀要 26: 76-87.

・葛西真記子、小渡唯奈、２０１８年、「「性の多様性を認める態度」を促進する要因―セクシュアルマジョリティへのインタビュー調査」鳴門教育大学研究紀要 33: 50-59.

- Långström, N. , Q. Rahman, E. Carlström and P. Lichtenstein. 2008. Genetic and Environmental Effects on Same-sex Sexual Behavior: A Population Study of Twins in Sweden. Archives of sexual behavior 39: 75-80.
- Pratto, F., J. Sidanius and S. Levin. 2006. Social dominance theory and the dynamics of intergroup relations: Taking stock and looking forward. European Review of Social Psychology 17: 271–320.
- Pratto, F. , J. Sidanius, L. M. Stallworth and B. F. Malle. 1994. Social dominance orientation: A personality variable predicting social and political attitudes. Journal of Personality and Social Psychology 67: 741–763.
- Pinker, S. 2018. Enlightenment Now: The Case for Reason, Science, Humanism, and Progress. Viking.
- Sanders AR. et al.(2017): Genome-Wide Association Study of Male Sexual Orientation. Scientific Reports, 7, 16950.
- 佐々木掌子、２０１７年、「性差のメカニズム―行動遺伝学の観点から」心理学評論 60(1): 3-14.
- Sidanius, J. and F. Pratto. 1999. Social dominance: An intergroup theory of social hierarchy and oppression. New York: Cambridge University Press.
- 徳永勝士、２０１４年、「遺伝子・ゲノムから見るヒトの多様性」学術の動向 19(7) : 772-775.

- Van Hiel, A. and I. Mervielde. 2005). Authoritarianism and social dominance orientation: Relationship with various forms of racism. Journal of Applied Social Psychology 35: 2323–2344.
- Vasey, P. L., and D. P. VanderLaan. 2010. An adaptive cognitive dissociation between willingness to help kin and nonkin in Samoan fa, afafine. Psychological Science, 21(2), 292-297.
- 和田実、１９９６年、「青年の同性愛に対する態度：性および性役割同一性による差異」社会心理学研究 12(1): 9-19.
- 和田実、２００８年、「同性愛に対する態度の性差：同性愛についての知識、同性愛者との接触、およびジェンダー・タイプとの関連」思春期学 26(3): 322-334.
- 和田実、２０１０年、「大学生の同性愛開示が異性愛友人の行動と同性愛に対する態度に及ぼす影響」心理学研究 81(4)：356-363.
- Wood, P. B., and J. P. Bartkowski. 2004. Attribution Style and Public Policy Attitudes Toward Gay Rights. Social Science Quarterly 85(1): 58-74.
- 安田徳一、２００７年、『初歩からの集団遺伝学』裳華房
- 横田晋大、三船恒裕、２０１８年、「社会的支配志向性と外国人に対する政治的・差別的態度：日本人サンプルを用いた相関研究」社会心理学研究 34(2): 94-101.

第5章

「進化医学」の現在

医学を進化の観点から探求する**「進化医学」**という分野があります。

進化医学について理解するためには、人類の進化の歴史と現代のミスマッチについて知っておくことが役立ちます。そこで、まず人類の進化の歴史について紹介します。

その後、進化医学の提唱者であるランドルフ・M・ネシー（ミシガン大学精神医学部教授）と進化生物学者のジョージ・クリストファー・ウィリアムズ（ニューヨーク大学）の共著である『病気はなぜ、あるのか』（新曜社、2001年）をレビューする形で、進化医学の内容について紹介します。ネシーとウィリアムズに従い、「防御反応」「闘争」「環境」「遺伝子」「妥協」「遺産」という大きく6つのカテゴリーに分けて、身体のさまざまな諸問題について紹介します。最後に近年注目されている、精神医学における進化的アプローチについて取り上げます。

(1) 人類の進化と現代のミスマッチ

ホモ・サピエンスの進化

まずは、ヒトに至る人類の進化の歴史について説明します。人類の進化については数多くの研究があり、取り扱われるテーマもさまざまです。ここでは、取り上げる事項の種類や順序について、育英大学教授の鑓水《やりみず》浩《ひろし》氏（２０１８年）を参考にしています。

ヒトに最も近縁の生物はチンパンジーです。チンパンジーとヒトのＤＮＡの違いは１〜４％程度との報告があります（Kuroki et al, 2006.）。ヒトの祖先とチンパンジーの祖先は約７００万年前にアフリカで分岐（枝分かれ）したと考えられます。その後、人類にはさまざまな種が登場しますが、今日まで生き残っている種は、私たちヒト（学名：ホモ・サピエンス）だけです。

ホモ・サピエンスおよびその祖先と考えられる種（祖先種）の生活スタイルは、基本的にはサバンナ（乾燥に強い樹木がまばらに生えている草原）での採集および狩猟です。この採集および狩猟を基本とした生活スタイルはチンパンジーとの共通祖先から分岐したのち、一貫して続けられてきました。チンパンジーが樹上性であるのとは対照的です。

こうした人類の進化プロセスを踏まえて、ホモ・サピエンスの身体的特徴について考察すると、以下の3つが挙げられます。

1．二足歩行である。
2．体毛のほとんどがない。
3．脳の容量が大きい。

ヒトの祖先とチンパンジーの祖先が分岐した700万年前のアフリカでは、熱帯林が減少し、サバンナの面積が拡大していました。地球規模の気象変動の影響で、その頃の地球は全体的に寒冷化していたのです。このようにアフリカの熱帯林が縮小しているときに、樹から下りてサバンナへと進出した集団が初期人類となりました(Kingston, 2007.)。そのまま樹上に残った集団の子孫が現在のチンパンジーと考えられます。

初期人類が不安定ながらもすでに二足歩行をしていたことは、化石として発掘された骨格から推察できます。また歯の形状は他の類人猿に比べて臼歯《きゅうし》が大きいという特徴があります（Brunet et al.,2002.）。こうした事実から以下のように推察されます。

● 初期人類は、森林が減少したことで、食物を求めてさまざまな場所に移動していた。

● 初期人類は、果実のような軟らかい食物以外に硬い食物（繊維質の多い植物の茎や根茎《こんけい》など）も食べていた。

このように考えると、二足歩行は、遠くまで移動する、食物を扱う際に手を利用するという条件を満たすために生じたという可能性が考えられます。その一方で、脳の容量については、初期人類は現在のチンパンジー並みでした。道具を使用したり、高度なコミュニケーションを行う能力はまだありませんでした。

このように初期人類は主に植物を食べていたと予想されていますが、今から約190万年前に出現したホモ・エレクトスは肉食をしていたと思われます。

ホモ・エレクトスは、脳の容量以外の体型についてはホモ・サピエンスにかなり近づいていますが、脳の容量は初期人類とホモ・サピエンスの中間程度でした。

ホモ・エレクトスは高い移動能力を持っていて、アフリカからアジアへと分布域を拡大しました。高い移動能力を実現できた理由は主に、姿勢が直立したことと、足が長くなったことです。エレクトスのエレクトスとは直立の意味です（初期人類では姿勢は前屈みでした）。この点を含めて、ホモ・エレクトスの特徴を以下に列挙します（Semaw et al., 2003.）。

- 短距離を走るときのスピードでは他の動物に劣る場合があっても、長距離を持続的に移動することについては他の動物よりも優れることとなった。
- 四足歩行より二足歩行のほうが太陽光の当たる身体の表面積が少なくて済むために、二足歩行のほうが昼に長時間活動するのに有利である（体内に熱がこもりにくいため）。これに加えて、発汗という冷却のための仕組みを獲得することで、体毛が不要となった。
- ホモ・エレクトスの脳の容量増加の程度は植物だけを食べていたとすると説明できない水準であり、肉食が開始されたことが推察される。獲物となった動物の骨の状態からも肉食の開始が示唆される。

ダニエル・リーバーマン（ハーバード大学）は人類による大型動物の狩猟はホモ・エレクトスから始まったと考え、その方法として**「持久狩猟」**という考えを提唱しています（２０１３年）。この方法は、大型動物を持久走のように追い込み続けて、動物の体温を限界以上に上昇させて倒れたところを仕留めるというものです。現在のアフリカの狩猟採集民においても、この方法は実際に使われています（今村、２０１４年）。先に述べたように、ホモ・エレクトスは、脚が長くかなりの速度で長距離を走ることができ、さらに発汗作用によって体温を効率的に下げることができました。こうした特徴を利用することで、ホモ・エレクトスは持久狩猟を実現できたというわけです。

現生人類であるホモ・サピエンスが出現したのは20〜30万年前のアフリカです。ホモ・サピエンスは、ホモ・エレクトスに比べて、約１・５倍も大きな脳を持っています。大きな脳を持つホモ・サピエンスは、その高い認知機能を活用して、狩猟技術を飛躍的に発達させ、効率的な狩猟を行うようになります。

５万年前くらいからホモ・サピエンスはアフリカを出発し、世界各地に分布を拡大します。はじめに述べたように、人類で今日まで生き残っている種は、ホモ・サピエンスだけです。

以上、ホモ・サピエンスに至る人類の進化について、概略を見てきました。二足歩行をすること、体毛がないこと、脳が大きいことのいずれもが、ヒトの進化の過程で大きな意味を持っていることが理解できたと思います。

現代人の性質と環境のミスマッチ

現生人類であるホモ・サピエンスが狩猟採集生活を行っていた頃の食料調達の状況は、以下のようなものでした。

- 男は狩猟に出かけて、女は居住地周辺で植物などの食物を採集していた。狩猟は常に成功するわけではないので、採集は食料調達の手段として重要であった。
- 食料の保存ができなかったため、食料不足は普通のことであった。狩猟が成功し、多くの肉が確保できた場合には、食べられるだけ食べてしまうというスタイルであったと予想される。

ヒトは約1万年に農耕を開始し、文明を作り出し、産業革命を経て、今日のような科学技術の時代に至りました。このため、狩猟採集生活の時代と比べて、現代の環境はあまりにも大きく変化しています。

これまでに見てきたように、人類の進化の歴史のほとんどは狩猟採集生活でした。したがって、ヒトの身体的、心理的、行動的性質は、狩猟採集生活に適したものとなるように、自然選択によって進化してきたはずです。狩猟採集生活に適した私たちの性質のなかに、現在の生活にはもはや適していないものが含まれていても不思議はありません。

こうしたミスマッチが、病気として表れる場合があります。現代人の病気を理解するうえで、ヒトの進化の過程を踏まえることが有効であるのは、病気のなかにはこうしたミスマッチによるものがあると考えられるからです。

典型的なミスマッチの例は以下のようなものです。

●狩猟採集生活の時代には、高エネルギーの食べ物（甘いものや高脂肪のもの）が日常的に大量に手に入ることはなかった。そのため、たまに手に入ったときには積極的に食べたほうがよく、甘いものや脂肪に対する選好は生存や繁殖に有利であったと考えられる。しかし、今日ではむしろ、そうした選好は生活習慣病の原因になってしまう。

●狩猟採集生活の時代には、食糧不足による飢餓《きが》は普通のことであった。そのため、運良く大量の食物が手に入ったときには、そのときに必要なエネルギーを上回ったとしても食べられるだけ食べ、余分なエネルギーを脂肪として蓄積しておくことが、いずれ訪れるであろう飢餓に向けての有効な方法であり、生存や繁殖に有利であったと考えられる。しかし、食糧不足のない現代では、余分なエネルギーを脂肪として蓄積しておくという性質は、蓄積する脂肪が多すぎるという事態につながりがちで、Ⅱ型糖尿病や脂質異常といった症状を引き起こすことになる（井村、２０００年）。

(2) 進化医学の6つのカテゴリー

これまでに述べてきた、人類の進化の歴史と現代のミスマッチ、すなわち狩猟採集生活という環境下で進化したヒトの性質と現代の環境とのミスマッチにより病気が生まれるという観点は、進化医学の基盤となるものです。

ここでは、ネシーとウィリアムズによる『病気はなぜ、あるのか』をレビューする形で、**「防御反応」「闘争」「環境」「遺伝子」「妥協」「遺産」**という大きく6つのカテゴリーに分けて、進化医学の観点から身体のさまざまな諸問題について紹介します。

また、各カテゴリーのなかで紹介するトピックの種類については札幌医科大学教授の松村博文氏（2015年）を参考にしています。

防御反応：咳・発熱は進化の産物

●「欠陥」と「防御反応」の区別が重要

肺炎患者は顔が青白くなり、ひどい咳《せき》をします。この2つは肺炎の典型的な徴候ですが、別のカテゴリーとして区別すべきものです。一方は欠陥があることの表れであり、もう一方は防御反応です。

肌が青白くなるのは、酸素が不足しているときのヘモグロビン（赤血球に含まれる赤い色素で、酸素を運ぶ機能を持つ）の色が通常よりも暗くなるためです。肌が青白くなることには特に効用はありません。身体の欠陥（この場合は酸素不足）に対する偶然の反応と言えます。

それに対して、咳は防御反応です。咳は、呼吸器に入ってきた異物を吐《は》き出すためにデザインされた複雑なメカニズムの結果として生じます。咳をするときには異物を外に吐き出すために横隔膜《おうかくまく》、胸筋《きょうきん》、喉頭《こうとう》などがうまく連動して働きます。咳は進化の過程で自然選択により形成された調和の取れた防御反応と言えます。

欠陥と防御反応を区別することは重要です。たいていの場合、欠陥を治すことはよいことでしょう。しかし、防御反応をなくす（させないようにする）ことには危険が伴います。患者に咳をさせないようにすると、異物の排除が妨げられ、患者の状態を悪化させる可能性があります。

●発熱は感染に対する防御反応である

発熱は病原体に感染したときの防御反応の1つと考えられます。免疫系の細胞のほうが細菌やウイルスよりも高体温に対して耐性が強いことから、体温を上げることで細菌やウイルスの増殖が抑えられます。

薬で発熱を抑えてしまうと、時には症状がますます悪化する危険があります。しかし、それだからといって、いかなる場合でも解熱剤を用いてはいけないというわけではありません。ヒトの体温を40度にしても何も問題がないならば、感染に対する防除としてヒトの平熱は40度になっていることでしょう。

しかし、現実はそうではありません。発熱にはマイナスの側面もあります。平熱時と比べて発熱したときは所蔵された栄養を多く消費してしまいます。また、男性が生殖不能になることもあります。

進化医学の観点からは、発熱のプラスの側面とマイナスの側面の双方を考慮に入れて、体温を何度にすれば免疫システムが最も効率的に機能するかを考えながら、治療方針を決定することが重要となります。

●感染すると鉄分が減少する

鉄分は細菌にとって重要な資源です。細菌に感染したときには、なるべく細菌に鉄分を取らせないようにすることが、宿主にとっては有利となります。そのため、ヒトには細菌に鉄分を取らせないようにするメカニズムが備わっており、感染症にかかると血液中の鉄分の量が大幅に減少します。

また、感染したときには食べ物の好みが変わり、鉄分の多い食べ物（ハム、卵など）を嫌うようになりますが、これも病原体に鉄分を取らせないようにする効果があります。

感染時に鉄分が不足するのは細菌の増殖を抑えるための防御反応と考えられます。そのため、感染時に不足した鉄分を補ってしまうと、細菌の繁殖を促進することになるので注意が必要です。

●防御反応は進化の産物

発熱、鉄分の減少の他にも、咳、嘔吐《おうと》、下痢《げり》、不安、疲労、痛み、くしゃみ、炎症など感染症の徴候の多くが、病に対する身体の防御反応とみなせます。これらは進化の過程で生存に有利となるように獲得されてきたと考えられます。下痢は繁殖した病原体を体外に排出します。鼻水は侵入してきた異物を体外に押し流します。痛みや不安を感じることは、怪我《けが》や疾患の危険を回避することにつながります。

闘争：病原体と宿主との関係

●病原体と宿主との軍拡競争

進化の過程で自らの生存や繁殖に有利となる性質を獲得してきたことは、ヒトだけではなく、病原体にも当てはまります。進化の観点から考えると、病原体も自らの繁殖を最大化するような繁殖戦略を取っているはずです。

ヒトが槍《やり》や刀を作り出すことで、盾《たて》や鎧《よろい》が生まれました。レーダーが発明されると、ステルス戦闘機が開発されました。生物の世界でも同じです。捕食者が狩猟の技術を向上させるように進化すると、獲物である被食者の側も対抗戦術を生み出します。

たとえば、捕食者の視力が向上すると、被食者は背景にうまく溶け込む保護色（隠蔽色《いんぺいしょく》）を発達させることがあります。そうすると、捕食者は嗅覚《きゅうかく》など視覚以外の方法で被食者の居場所を突き止める性質を発達させることがあります。そうすると、被食者にとっては風下に移動するという性質が有利となります。このように、捕食者と被食者が互いに影響を及ぼし合いながら共進化する様は軍拡競争になぞらえることができます。

捕食者と被食者の終わりのない軍拡競争に代表されるように生物が生き残るためには進化し続けなければならないという考えは、**「赤の女王仮説」**と呼ばれています。

赤の女王とはルイス・キャロルの小説『鏡の国のアリス』に登場する人物です。彼女が作中で「その場にとどまるためには、全力で走り続けなければならない」という台詞《せりふ》を発したことから、生物が生存するためには進化し続けなければならないことを示す比喩《ひゆ》として、赤の女王仮説という名称が用いられています。

病原体と宿主は捕食者と被食者の関係とも言えます。繁殖を最大化したい病原体と、自身の身体を防御する宿主とは互いに闘争しているとみなせます。片方が新たな戦略を発達させると、他方は対抗戦略を取らざるを得ません。病原体と宿主との間に生まれるこうした闘争を軍拡競争ととらえる視点を持つことで、病原体と宿主の双方について理解が深まります。

感染に伴うさまざまな徴候や症状は、病原体か宿主かのどちらかが採用している戦略との関係で理解することができます（次ページ参照）。以前に見たように、発熱や鉄分の抑制は感染時の防御反応と考えられ、宿主（防御）側にとって有利となります。

衛生を保つことは、病原体の侵入を食い止めるうえで有効です。たとえば、蚊を叩くことは、昆虫を媒介とする危険な病気を防ぐことになります。伝染病にかかっているかもしれない人々との接触を避けることは、病原体を避けることになります。ヒトは糞《ふん》や吐しゃ物など感染源となるものに嫌悪感を抱きます。

病原体は宿主による防御をくぐり抜ける方法を進化させてきました。**「分子擬態《ぶんしぎたい》」**と呼ばれる現象がその例です。ここで分子と呼ばれるものは、生体内で働くホルモ

図5-1 感染症と関連した現象の分類

観察	例	恩恵を受ける側
宿主がとる衛生手続き	蚊を殺す、病人の隣人を避ける、排泄《はいせつ》物を避ける	宿主
宿主による防衛	発熱、鉄の抑制、くしゃみ、嘔吐、免疫反応	宿主
宿主による損傷修復	組織の再生	宿主
宿主による損傷の補償	歯痛のときにもう一方の歯で咬《か》む	宿主
病原体が宿主組織を破壊	虫歯、肝炎による肝臓障害	どちらでもない
病原体が宿主を障害	効率の悪い咀嚼《そしゃく》、解毒の低下	どちらでもない
病原体が宿主の防御に侵入する	分子擬態、抗原の変化	病原体
病原体が宿主の防御に対して攻撃する	白血球の破壊	病原体
病原体による栄養奪取	トリパノゾーマの成長と増殖	病原体
病原体の拡散	蚊が血中の寄生者を新たな宿主に移す	病原体
病原体による宿主の操作	過度のくしゃみや下痢、行動的変化	病原体

出所：『病気はなぜ、あるのか』表3-1

ンや生理活性物質のことです。たとえば、狂犬病ウイルスは神経伝達物質とよく似た形をしており、ヒトの体内にあるアセチルコリン受容体と結合してしまいます。このように、病原体が宿主にとって有益な分子に擬態することで、宿主の防御反応を回避することがあります。

軍拡競争を繰り広げる病原体と宿主の間で生じる現象のすべてが、病原体とか宿主のどちらかにとって恩恵をもたらすものかというと、必ずしもそうではありません。

サナダムシに寄生されると宿主は栄養不良になることがあります。宿主の栄養不良はもちろん宿主にとって良いことではありませんが、サナダムシにとっても何も良いことはありません。マラリアを引き起こすマラリア原虫は脊椎《せきつい》動物の赤血球に寄生します。マラリア原虫に寄生された宿主の赤血球は破壊されますが、赤血球を破壊してもマラリア原虫にとって何も良いことはありません。

これらは、病原体の活動の結果として宿主に影響が生じるものの、それは病原体にとっても特に役立つわけではないという例です。

●毒性の進化は単純ではない

寄生者は宿主に対する毒性を常に少なくする方法に進化しているはずであるという考えがあります。この考えによると、宿主が長生きすればするほど寄生者もより長生きでき、寄生者は長期にわたって子どもを拡散させることができるとされます。しかし、この考えにはいくつか問題があります。病原体は子孫をいずれは他の宿主へと分散させる必要があります。

病原体は子孫の分散に際して、宿主の咳やくしゃみといった、毒性のある場合にのみ活性化される宿主の防御反応を利用していることがよくあります。そのため、病原体の毒性が弱くなり、宿主の防御反応が生じなくなると、病原体が子孫を分散させることは難しくなる可能性が考えられます。

また、1つの宿主の身体のなかに複数の種類の寄生者が存在するという状況があり得ます。その場合、異なる種類の寄生者同士は宿主の身体という資源をめぐって互いに競争関係となります。宿主の身体という資源を最も効率的に活用する寄生者(宿主から見ると最も激しく宿主を搾取《さくしゅ》する寄生者)が他の寄生者を差し置いて勝者となります。宿主内の寄生者間に働く自然選択の結果として、毒性の強い寄生者が生き残る可能性が考えられます。

このように、寄生者は宿主に対する毒性を常に少なくする方法に進化しているはずであるという考えは単純すぎるものであり、必ずしもそうとは言えません。寄生者と宿主の置かれた条件を考慮して、注意深い数量的な議論を行う必要があります。病原体が新しい宿主へと到達する手段を考慮することは重要です。他の人と接触することによって感染する病気は、虫や他の媒介によって伝播《でんぱ》される病気よりも、一般的には毒性が低いことが予測されます。この予測は事実と合致しています。病原体の子孫を拡散するために宿主である人に他の人と接触してもらう必要があるような病原体にとっては、宿主を重病にすることは病原体自身にとって不利益となります。そのため、そのような病原体にとっては宿主に歩き回れる程度の体力を維持してもらう必要があります。

また、蚊の媒介する感染症は一般的に、脊椎動物の宿主には重い症状をもたらすものの、蚊には軽い影響しか与えないことが明らかにされています。

この現象は予想されることです。蚊に危害が加えられると、蚊が脊椎動物を刺しに行く機会が減少してしまい、病原体の子孫の拡散が阻害されてしまいます。

●抗生物質に対する抵抗性細菌の出現

抗生物質は細菌を殺すことができます。効果的な抗生物質はカビの働きで生み出されます。カビは病原体や競争者である他の種類のカビから自分を守るために、抗生物質を生産する性質を進化させたと考えられます。

抗生物質を利用した抗菌剤の開発によって、病原体は新たな環境で自然選択を受けることになりました。抗菌剤の使用は、普通の病原体にとっては不利であるが、特異な変異性の病原体にとっては有利となるような環境を生み出しています。その結果、薬剤耐性性や新しい毒性を獲得した病原体が出現しています。

環境：ヒトの食生活からの観点

進化医学では、人類の経験した環境の変化に注目します。これまでも説明したように、かつての狩猟採集時代の環境と現代の環境との違いが、ヒトの性質と現代の環境とのミスマッチを作り出し、それが疾患の原因となることがあるためです。

　現代のヒトにおいて死亡の原因の上位になっている心臓疾患や脳梗塞《のうこうそく》は、生活習慣と関係があります。心臓発作の原因の1つは動脈硬化です。動脈硬化の予防には高脂肪食を避けること、運動をすること、野菜を取ることが重要です。こうした知見は多くの人に知られていますが、実行できる人は多くありません。

　高脂肪食を好む性質は、かつての狩猟採集生活の時代すなわち食料不足が普通であった時代には適応的な性質であったと考えられます。農耕社会となり高エネルギー食を効率良く生産できる環境に変わったのは、ほんの1万年前です。環境が変わっても、高脂肪食を好むというヒトの性質は変わっておらず、その結果として、動脈硬化は現代の生活習慣病となっています。

　肥満と糖尿病の研究から、**「倹約型遺伝子型」**を持つ人たちが存在することがわかっています。この人たちは、食物のエネルギーを高い効率で抽出し、脂肪として所蔵することができます。この遺伝子型は、かつての飢餓が度々生じるような環境では適応的であったことでしょう。しかし、現代では、肥満や糖尿病になる可能性を高める遺伝子として、むしろ健康リスクとなりかねません。

食生活の変化としては、現代の食事は軟らかいものが多いということが挙げられます。狩猟採集生活の時代の食物は長時間の咀嚼《そしゃく》が必要となる硬いものが少なくなかったことでしょう。

しかし、現代はそうではありません。咀嚼する機会が減ることで、子どもの頃に顎《あご》の筋肉を十分に使う機会が減り、結果として顎が未発達となった人を増やしている可能性があります。八重歯《やえば》や親知らずで苦労する人が増えていることには、こうした背景が考えられます。

農耕が始まるまで、虫歯はまれな疾患でした。歯に糖分が頻繁に接触するような環境では、歯に付着している細菌に栄養を与えることになり、それが酸を作り出して歯のエナメル質を溶かす結果となります。現代の食生活では、歯に糖分を頻繁に接触させていることを考えると、虫歯の増加は当然でしょう。

遺伝子：不利益な遺伝子でも存続する理由

進化医学の観点から遺伝子について考察する際には、「相殺取引《そうさい》」という見方が有効です。ヒトの集団中の遺伝子の頻度は、その遺伝子が生み出す利益と不利益のバランスの結果として決まります。

仮に一部の人に不利益を与える遺伝子であっても、多くの人に対して利益を与えるのであれば、自然選択の結果として、その遺伝子は淘汰されることなく、集団中に存続し続けることができると予想されます。

疾患を生み出す遺伝子（疾患遺伝子）であっても、そのマイナスを相殺するようなプラスの効果を持つ場合には、その疾患遺伝子は集団中に存続することができます。

鎌形赤血球貧血症《かまがたせっけっきゅうひんけつしょう》は、そうした遺伝子によって生じる病気の代表的な例です。鎌形赤血球貧血症の遺伝子を2個持つ遺伝子型（ホモ接合体）の人は、鎌形赤血球貧血症が発症し、重い貧血となって死亡することもあります。

それに対して、鎌形赤血球貧血症の遺伝子を1個だけ持つ遺伝子型（ヘテロ接合体）の人はその結果として、ヘモグロビンの構造が変わり、マラリア原虫の赤血球への寄生に抵抗性を示します。鎌形赤血球貧血症の遺伝子を2個持つ遺伝子型（ホモ接合体）の人にとっては、この遺伝子は有害です。しかし、鎌形赤血球貧血症の遺伝子を1個だけ持つ遺伝子型（ヘテロ接合体）の人にとっては、マラリアのある地域における生存率をむしろ高める効果があります。

ホモ接合体の人には不利益をもたらしても、ヘテロ接合体の人（一般にこちらの人のほうが人数が多い）にとっては利益があるならば、疾患遺伝子であっても存続できるという例として、鎌形赤血球貧血症の他に、嚢胞性繊維症《のうほうせいせんいしょう》、デイサックス病、フェニルケトン尿などの疾患遺伝子が知られています。

血液異常を引き起こす遺伝子が、マラリアの悪化を防ぐという例があります。「グルコース6リン酸脱水素酵素（G6PD）」欠損症は遺伝子の異常による疾患で、罹患《りかん》した人は溶血などの症状が出ます。しかし、この遺伝子に異常があるためグルコース6リン酸脱水素酵素が欠如している人は、マラリア原虫の寄生した赤血球が破壊されてしまい、結果としてマラリア原虫の繁殖を阻止することになります。この遺伝子も、マラリアのある地域においては、生存率をむしろ高める効果を有する可能性があります。

ヒトの流産のリスクはかなり高く、受精しても10回中8回は流産で終わるという報告があります。高すぎると思われるかもしれませんが、ここでは、胚（受精卵）が着床に失敗するというような、胚の着床以前や直後のタイミングで生じるものも流産としてカウントしています。こうした、ごく初期に生じる流産は気づかれません。

ある遺伝子が流産の可能性を大きく減らしてくれるならば、たとえ病気のリスクが高まったとしても、自然選択の結果として、そうした遺伝子は存続する可能性があります。こうした遺伝子が実際に知られています。小児期に発症する糖尿病を引き起こす「ＤＲ３遺伝子」は、流産の確率を大幅に減少させるようです。そのため、糖尿病の原因にもかかわらず、この遺伝子は存続していると考えられます。

痛風《つうふう》の遺伝子も相殺取引の例です。痛風になると高尿酸血症を原因とした関節炎になります。しかし、高尿酸の状態には利点があることが知られています。尿酸が増加すると、新陳代謝が活発となり、老化を遅らせ、寿命が長くなります。

痛風遺伝子を持つことがプラスかマイナスのどちらなのかは、痛風が発症して痛みなどが生じるマイナス面と、寿命が長くなるというプラスの面のバランスによって定まります。

妥協：利点と欠点の存在する身体構造

自然選択によって作り出された身体の構造は、プラスの効果と同時にマイナスの効果も生み出すのが普通です。これより、ヒトの身体を理解するうえで、進化における**「妥協」**という視点が有効となります。

ヒトが四足動物から二足動物になったことには、以前にホモ・エレクトスの説明の際に述べたようないくつかの利点を生み出しましたが、その一方で貧血、ぎっくり腰、難産などの欠点を生み出すことにもなりました。

あらゆる面において利点しかない身体構造などは存在せず、利点と欠点を合わせた妥協のうえにヒトの身体は成立していると理解すべきでしょう。

遺産：ヒトは過去の進化の遺産からなる

自然選択による進化のプロセスは徐々に進みます。変化の1つひとつは小さなものです。また、それらの変化のいずれもが適応的なものでなくてはなりません。このことから、ヒトの身体も、過去の進化の遺産の上に新たな構造や機能を加えることによって作られていることがわかります。

ヒトの気管と食道の位置関係は、設計上の欠陥としてよく取り上げられます。ヒトの気管と食道は喉《のど》で交差しています。食事の際には、食べ物が気管に入り込まないような反射メカニズムが働いて、気管の入口が閉じられます。

しかし、この反射メカニズムが十分ではない場合、窒息の危険が生じます。餅《もち》を詰まらせた死亡事故や誤嚥性肺炎《ごえんせいはいえん》も起こり得ます。空気と食べ物の通り道が完全に分離していたら、このような危険はなかったことでしょう。実際に、昆虫や軟体動物のような他の動物グループでは、呼吸システムと消化システムは完全に分離しています。

脊椎動物の進化のプロセスで、魚類から肺呼吸をする生物（肺魚）が出現した際に、消化器系の一部が変化して呼吸の機能を果たすようになりました。なぜなら、水面から酸素を取り入れるための空気孔の位置を口の上の部分に設計せざるを得な

合理的な設計のイカの目

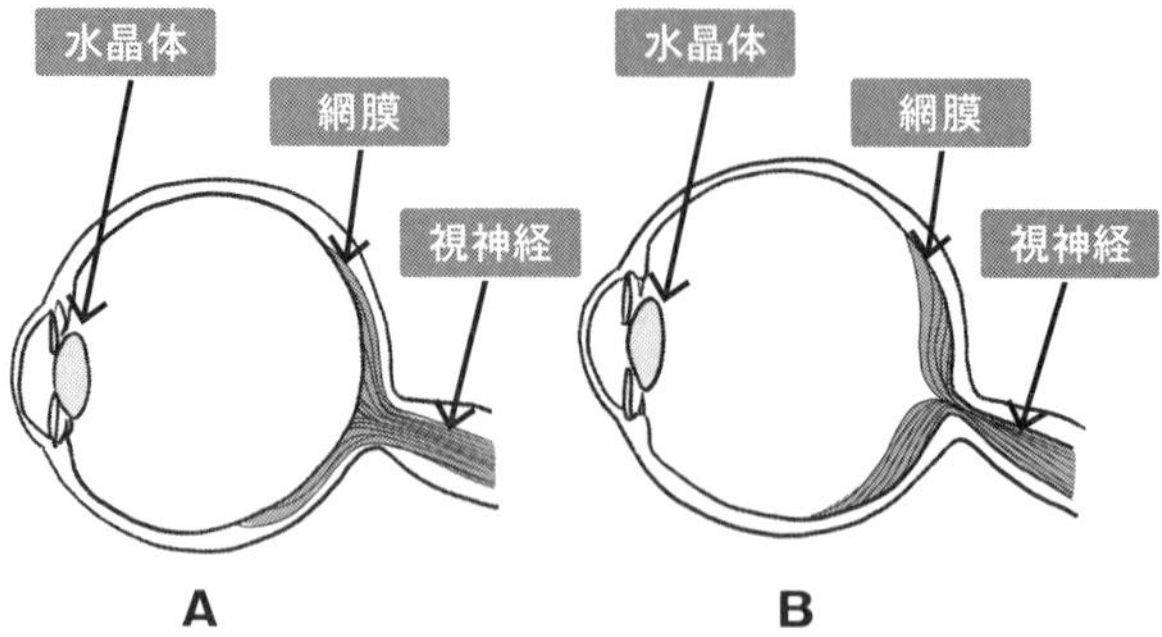

A：網膜がイカのような位置にある、あるべき姿のヒトの眼球
B：実際のヒトの眼球の姿。神経や血管が網膜を貫いている

出所：『病気はなぜ、あるのか』

かったからです。

こうした進化上の歴史的経緯によって、ヒトを含めた肺呼吸をする脊椎動物（両生類、爬虫《はちゅう》類、哺《ほ》乳《にゅう》類）では、呼吸システムと消化システムが隣接したり交差したりした構造となっているわけです。

ヒトを含む脊椎動物の眼は、網膜の表面に血管と視細胞が分布するという構造になっています。この構造も設計上は欠陥であるとみなされています。眼底出血や網膜《もうまく》剝離《はくり》で失明が起こりやすいのも、こうした構造が原因であると考えられます。それに対して、イカの目にはこのような問題はありません。イカの目では脊椎動物の目とは異なり、視細胞の表面に網膜が分布する構造になっているためです（前ページ参照）。イカの目のほうが合理的な設計になっています。

ヒトの目のように、身体には合理的とは言えない設計が存在します。こうした不合理な設計（設計上の欠陥）の存在については、身体も過去の進化の遺産の上に作られたものであるという観点を持つことで、理解しやすくなります。

(3) 精神医学における進化的観点

２０１４年の日本のうつ病・双極性障害の患者の総数は１００万人を超えています（厚生労働省調査）。また、双子調査の結果などから、うつ病を含む精神疾患には環境要因だけではなく遺伝的要因も存在することがわかっています。

これほど多くのうつ病患者が存在するという事実から、うつ病は風邪における発熱や咳と同様に一種の防御反応であるという可能性が示唆されます。うつ病を含めて、精神障害を生じさせやすくする遺伝子は、場合によっては、個体の生存に有利となる可能性があります。

抑うつはヒトの防御反応

ヒトを用いて精神疾患に関する実験を行うことは、倫理的問題もあり簡単ではありません。そのため、サルを用いた実験が行われています。

ここでは、アフリカに分布するオナガザルの一種であるベルベットモンキーを用いた実験を紹介します。

抑うつが発症するのは、脳内のセロトニンの濃度が減少するためという説があります。セロトニンは精神安定作用があると言われている神経伝達物質です。ベルベットモンキーを用いた実験から、セロトニン濃度が社会的地位と深く関係することが確認されました（McGuire and Raleigh, 1987.）。

調査の結果、オスのベルベットモンキーにおいて、群れのなかでの順位とセロトニン濃度は相関していました。順位の高いオス（アルファオスと呼ばれる）はセロトニン濃度が高く、順位の低いオスはセロトニン濃度が低いことがわかりました。この事実は、順位の高い個体ほど精神状態が安定している可能性を示唆します。

アルファオスがその地位から失脚すると、セロトニン濃度もすぐに低くなることがわかりました。失脚した元アルファオスは、抑うつ状態のヒトと同じような状態に陥りました。うずくまって身体を揺らす、食事をしなくなるといった状態です。ここで、抑うつ状態のベルベットモンキーに対して、セロトニン濃度を高める薬を与えるという実験を行ったところ、抑うつの症状が消えました。

また、もう1つの実験を行っています。群れのなかで特に地位が高いわけでもない普通の雄を選び、そのオスのセロトニン濃度を人為的に高めてみました。あらかじめ、群れからアルファオスを隔離して、一時的にアルファオスのいない群れを用意します。その後、群れからランダムにオス1個体を選び、セロトニン濃度を高める薬を与えます。

これにより、人為的にセロトニン濃度の高いオスが生み出されます。実験の結果、人為的にセロトニン濃度を高くされたオスが新たなアルファオスとなることがわかりました。セロトニン濃度を高める薬を与えられたオスは、メスとのグルーミング（毛づくろい）を通じた交流も活発になりました。

その結果、メスからの支持を得て、群れのなかでの順位が高くなりました。逆にセロトニン濃度を低くする薬を与えられたオスは、メスとの交流が減り、順位が低くなりました。これらの結果から、セロトニンの濃度はオスの社会的地位（群れのなかの順位）と深く関係することがわかったのです。

こうしたベルベットモンキーの研究結果から、抑うつ状態は社会的地位をめぐる競争に敗れたときに生じる適応的な反応（防御反応）であり、セロトニンと深い関係があることが示唆されました。

社会的地位と抑うつの関係を示す「ランク理論」

抑うつに関する理論に「**ランク理論**」（Stevens and Price, 1996.）があります。ランク理論は、社会的地位と抑うつとの関係に基づいて提唱されている理論です。

ランク理論では、抑うつとは、社会的地位（ランク）を失ったものの、それを奪い返す自信がない場合に生じる防御反応（適応的反応）であると考えます。防御反応とみなすことのできる理由は以下です。

ランクをめぐる闘争に敗れた個体（敗者）はうつ状態となることの結果として、闘争継続の場合に生じる適応度の低下を回避することができます。仮に敗者が闘争を継続すると、その個体の被《こうむ》る損害はますます大きくなります。大きな損害は、個体の適応度の減少を意味します。

敗者にとって、抑うつ状態となることの意義は、自身の意思にかかわらず、敗者の振る舞いを強制的に変えてしまうということです。うつ病になると、気分の落ち込み、やる気の喪失、睡眠障害、食欲不振、などの症状が表れます。

こうしたうつ病の症状が発症することによって、たとえ自分は闘いたいという気持ちがあったとしても、敗者は身体を自由に動かすことができなくなり、それ以降の闘争は不可能になります。

その結果、従属的立場を受け入れざるを得なくなります。さらに、抑うつ状態に特徴的な落ち込んだ表情は、周囲の個体に対して、敗者はもはや戦える状態ではないことを伝えるシグナルとして機能します。

ランク理論を追究している研究者たちは、いくつかの症例研究で、競争に負けた敗者がすなおに負けを認めたとき抑うつが消えることを示しています。すなおに負けを認めるということは、もはや戦う気もないということであり、闘争でさらなる損害を被る危険性はなくなったと考えられます。

この場合、敗者は自身の行動をそれ以上変える必要はないわけなので、抑うつ状態となることに利点はありません。それとは対照的に、敗者が負けを認めたくない気持ちがある場合には、闘争を繰り返してさらなる損害を被る結果が懸念されます。うつ状態となることの効果が発揮されるのは、そうした場合です。負けを認められない敗者は、闘争を続けようとするけれども、抑うつ状態となることにより、闘争を回避し、被害を免《まぬが》れることができるというわけです。

【引用文献】

- Brunet, M., F. Guy, D. Pilbeam, H.T. Mackaye, A. Likius, D. Ahounta, A. Beauvilain, C. Blondel, H. Bocherens, J. R. Boisserie, L. De Bonis, Y. Coppens, J. Dejax, C. Denys, P. Duringer, V. Eisenmann, G. Fanone, P. Fronty, D. Geraads, T. Lehmann, F. Lihoreau, A. Louchart, A. Mahamat, G. Merceron, G. Mouchelin, O. Otero, P. Pelaez Campomanes, M. Ponce De Leon, J. C. Rage, M. Sapanet, M. Schuster, J. Sudre, P. Tassy, X. Valentin, P. Vignaud, L. Viriot, A. Zazzo and C. Zollikofer. 2002. A new hominid from the Upper Miocene of Chad, Central Africa. Nature 418(6894): 145-151.
- 井村裕夫、２０００年、『人はなぜ病気になるのか―進化医学の視点』岩波書店
- 今村薫、２０１４年、「カラハリ狩猟採集民の狩猟技術―人類進化における人と動物との根源的つながりを探って」名古屋学院大学論集 51(1): 31-42.
- Kuroki, Y., A. Toyoda, H. Noguchi, T. D. Taylor, T. Itoh, D.S. Kim, D. W. Kim, S. H. Choi, I. C. Kim, H.H. Choi, Y. S. Kim, Y. Satta, N. Saitou, T. Yamada, S. Morishita, M. Hattori, Y. Sakaki, H. S. Park and A. Fujiyama. 2006. Comparative analysis of chimpanzee and human Y chromosomes unveils complex evolutionary pathway. Nature Genetics 38: 158-167.
- Lieberman, Daniel. 2014. The Story of the Human Body: Evolution, Health, and Disease. Vintage. 安田徳一（訳）、２０１３年、『人体六〇〇万年史―科学が明かす進化・健康・疾病』早川書房
- 松村博文、２０１５年、「人類進化と疾患」、札幌保健科学雑誌 4: 1-7.

- McGuire, M. T. and M. J. Raleigh. 1987. Serotonin, social behaviour, and aggression in vervet monkeys. In Ethopharmacology of Agonistic Behaviour in Animals and Humans. Volume 7 of the series Topics in the Neurosciences: 207-222.
- Nesse, R. M. and G. C. Williams. 1995. Why We Get Sick: The New Science of Darwinian Medicine. New York, Times Books. 長谷川眞理子、長谷川寿一、青木千里（訳）、２００１年、『病気はなぜ、あるのか―進化医学による新しい理解』新曜社
- Semaw, S., M. J. Rogers, J. Quade, P. R. Renne, R. F. Butler, M. Dominguez-Rodrigo, D. Stout, W. S. Hart, T. Pickering and S. W. Simpson. 2003. 2.6-Million-year-old stone tools and associated bones from OGS-6 and OGS-7, Gona, Afar, Ethiopia. Journal of Human Evolution 45(2):169-177.
- Stevens, A. and J. Price. 1996. Evolutionary Psychiatry: A New Beginning. London: Routledge.
- 鑓水浩、２０１８年「ホモ・サピエンスの反道徳性―進化的不適応としてのミスマッチ症状と教育による対応」大阪観光大学紀要 18: 29-38.

第6章

進化する「教育・医療現場、人工知能」

進化的な観点は、さまざまな分野へと拡大を続けています。この章では、それらのなかから、教育、医療現場、人工知能を取り上げ、どのように活用されているのかを解説します。

また、進化的な観点に基づいた取り組みが、社会を変える力となっている現状についても述べます。

(1) ヒトの社会を変える「進化教育学」

教育は生まれつき人に備わったものなのか?

安藤寿康氏は『なぜヒトは学ぶのか—教育を生物学的に考える』(講談社現代新書、2018年)において、進化の観点から学習や教育について考察し、「ヒトは生きるうえで必要となる知識を学ぶうえで、教わることを教わるままに学べるわけではなく、進化的に獲得してきた生物学的特徴をふまえて学んでいるのであり、文化的に創られたと思われる教育制度すら、そうした生物学的特徴を反映している可能性がある」と、結論を述べています。

この結論に至る、この本の第1部「教育の進化学」の第2章「人間は教育する動物である」の内容を以下に紹介します。なお、カッコ（【】）内に記したコメントは私による補足説明です。

■教育能力は生まれつき持っている

●9カ月革命

赤ん坊は9カ月頃になると、他人との意思疎通を開始する能力である視線追従（相手の視線を追いかけ、対象を一緒に見ようとする）と共同注意（欲しい物や興味深い物を指差して、母親などにそのことを伝えようとしたり、他人の指さしする先を見ようとしたりする）を始めます。「自分と他人と物」の3項関係が成立します。

【9カ月革命とは乳児が9カ月頃に行動を劇的に発達させることであり、認知心理学者のマイケル・トマセロが提唱した名称です（Tomasello, 1999.）】

●共同注意

共同注意とは意思疎通の基本であり、教育の基本です。教育が成り立つためには、「先生―教材―生徒」の間の3項関係（先生が注意を向けた「教材」の内容に生徒も注意を向ける）が共同注意によって成り立つ必要があります。

●ナチュラル・ペダゴジー

1歳の子どもは、自分の好みとは別次元の客観的・普遍的価値基準を大人の振舞いから察し、それを他者に伝えようとすることが実験で示されています。チブラとゲルゲリーは、このような大人と子どもの自然なやり取りのなかで生じている「教育」の機能を「**ナチュラル・ペダゴジー（自然の教育）**」と名づけました。

【自分の好みは私的な世界に属するものであり、客観的・普遍的価値基準は公的な世界に属するものと言えます】

●「公的」な世界と「私的」な世界

ナチュラル・ペダゴジーに関する実験から、ヒトは生まれて間もない頃から一般的知識の世界に住む能力を備えていることが示唆されます。ヒトは「公的」な世界を意識し、「私的」な世界との折り合いをつけようとする動物だと思われます。

【一般的知識の世界とは公的な世界のことだと思われます。ペダゴジーとは子どもを導くというギリシア語に由来する言葉で、教育学の意味です】

●教育は自然に備わった認知能力

発達心理学者のシュトラウスとジヴは教育能力（他者に教育をする能力、教育によって学ぶ能力）を生まれつきのものだと考え、ＴＮＣＡ（Teaching as a Natural Cognitive Ability：教育は自然に備わった認知能力）と呼びました。教育能力はシュトラウスらがヒトに自然に備わった能力の条件として挙げる以下の7条件を満たしています。

1．ある特定のタイプの適応問題を解決するために複雑な形で作り上げられていること

2．取り立てて意識的に努力しなくても、またあらたまって教わらなくても発達

すること
3．その理屈を特に意識しなくともできること
4．より一般的な情報処理能力や知的行動の能力とは別物であること
5．正常な人間なら誰でもまちがいなく発達させられること
6．その種に属していれば誰でも持っていること
7．その種を特徴づけるものであること

■文化的知識の創造・蓄積・学習に及ぼす教育の意味

●教育について3つの段階：

議論の整理のため、教育について3つの段階を区別しています。「行動」としての教育、「慣習」としての教育、「制度」としての教育を述べています。

●行動としての教育

「行動」としての教育では、教師（教える側）は、教える内容について「指し示し、言葉や図や身振りで説明する。お手本を示す、あるいは学習者の行動を指示する、

禁止する、ほめる、しかる、見守る」などの行動をしていきます。学習者（教わる側）は教師の発するさまざまな手がかりのなかに関連性を見いだし、教師が教えようとしている知識を学習しようとします。

慣習としての教育

慣習としての教育では、ある程度意図を持って、組織的・計画的に教育をしようとする段階に至ります。これは行動としての教育を、他の営み（生業《せいぎょう》や遊戯など）と切りはなし、教育による学習を生じさせること自体を目的とした特別な場所、時間、往々にして特別な教材や専門の教師役の人がいる、組織化された場によってなされるということになります。

西欧では紀元前数千年頃から、日本でも邪馬台国《やまたいこく》が成立していた3世紀前半頃に始まったと考えられています。たとえば、人を集めて農作業の手順を教えたり、一定の年齢になると村の掟《おきて》や神に仕える儀礼の仕方を教わるなどが挙げられます。

●制度としての教育

制度としての教育は、国家や教会など、人々を統率する権威を持った集団で、組織的な教育のための制度を作り上げ、先に述べた学校とそれに付随するカリキュラム、テキスト、校舎、職業教師といった一連の計画的な教育活動を形作ることです。今私たちが見慣れている教育の形式は、もっぱらこれです。

教育の進化をアフリカの先住民の生活から知る

また安藤氏は、ヒトの教育の行動、習慣、制度の進化の原点として、学校という制度ができる以前の姿を視るために、アフリカの先住民の生活調査をしています。ここから、狩猟採集民時代からヒトはどう教育をとらえ、進化していったのかを知ることができます。また、その際の脳がどう発達していったのかも報告しています。

●狩猟採集民の自然な教育

学校が誕生する前の「自然な」教育をアフリカの先住民に見ることができます。アフリカ中部のバヤカの人たちが、いまだに狩猟採集民としての彼ら独自の生活習慣を堅固に残しているからです。

文化人類学者たちは、彼らの文化伝達の特徴は、まさに「教育がない」ということであると報告していました。大人が子どもに組織的に動物や魚の獲り方、道具の使い方や獲物の習性を教えようとする様子が見られず、子どもたちは遊びのなかで、大人たちの仕事がごっこ遊びの素材として使われ、大人のやることを学んでいるようであるということでした。

子どもの文化人類学の研究で有名なランシーはこれを「誰からも教わらない学習(Learning from nobody)」と呼んでおり、人類史の95%以上を占める狩猟採集の生活に見られるこのような子育て様式こそ人間の自然な文化的知識の学習の仕方であるということを報告しています。

●バヤカの「行動」としての教育

安藤氏は、2011年のプロジェクトの一員として、バヤカの村に赴《おもむ》いています。

バヤカの人たちにとって目新しい技能を学んでもらい、大人から子どもへ、それを「教えよう」とする行動が見いだされないかを確かめた結果、彼らは「行動」としての教育を行っていたのです。

「目新しい技能」としては、「けん玉」を用いて実験してみました。先に経験した大人が、子どもに向かって「もっと前に手を流すようにしてみろ」「ちゃんと見ててやるぞ」などと、手振りや視線を使って、まさに教育行動を行っていました。その様子は日本人や西洋人が家庭や学校で何かのやり方を教えようとするときの様子と変わりませんでした。

●バヤカの教育行動のいろいろ

バリー・ヒューレット博士は、バヤカの親子たちの間に、さまざまな形の「教育」的やり取りがあることを、映像データから明らかにしました。

彼は12カ月から14カ月の10人の幼児に対し、幼児1人当たり1時間のビデオのなかで見られた、「教育（teaching）」と呼べる行動のリストを挙げ、さまざまな種類の「教育」、つまり知識やスキルの学習を促進させようとする行動が、どこかに何らかの形で見いだしています。

●狩猟採集民に「教育がない」と言われるゆえん

バヤカの人たちがやっていることは「行動」としての教育であり、「慣習」や「制度」としての教育ではないことに注意が必要です。けん玉ができるようになった大人が、「よし、それじゃあ、けん玉のやり方やコツを教えるから、説明を聞きながらよく見るんだぞ」などと言って、子どもに面と向かってわざわざ教える行動をしたとしたら、これはすでに教育による学習のための特別な時間や場を設定したことになり、「教育慣習」になります。

しかし、そうした場面は生じませんでした。狩りや木の実の採集においても同じような形で教育がなされたとしても、文化人類学者はそれを「教育」とはみなさなかったと思われます。これが狩猟採集民に「教育がない」と言われるゆえんであるとしています。

●狩猟採集民の生活に欠かせない「おばあさん仮説」

狩猟採集民では、乳児たちを村の女性が共同で養育し、そこにおばあさん世代が重要な役割を演じています。これは狩猟採集民に限らず、わが国においても昭和の半ばまでは各地で見られました。こうした共同養育、あるいは乳母行動（アロマザリング）は、チンパンジーには見られにくい、ヒトの子育ての特徴です。次ページの図は、ヒトを含む類人猿の生活史パターンです。

生活史とは、生物が一生の間で表す生存、繁殖、環境適応のための戦略の時間的変化のことです。ヒトは著しく「子ども期」と「老年期」が長く、これを説明する仮説として、従来、老年期の人々、つまりおばあさんたちの世代が、子育ての肩代わりをしてあげて、親の世代が子どもの食べ物の分まで働いたり、次の子どもを作ったりすることの手助けを直接間接にしてあげているからだという、おばあさん仮説が有力でした。

●教育にまで広がるおばあさん仮説

おばあさん仮説を「教育」にまで広げて考えることができます。元来、人類史が

図6-1 類人猿の生活史

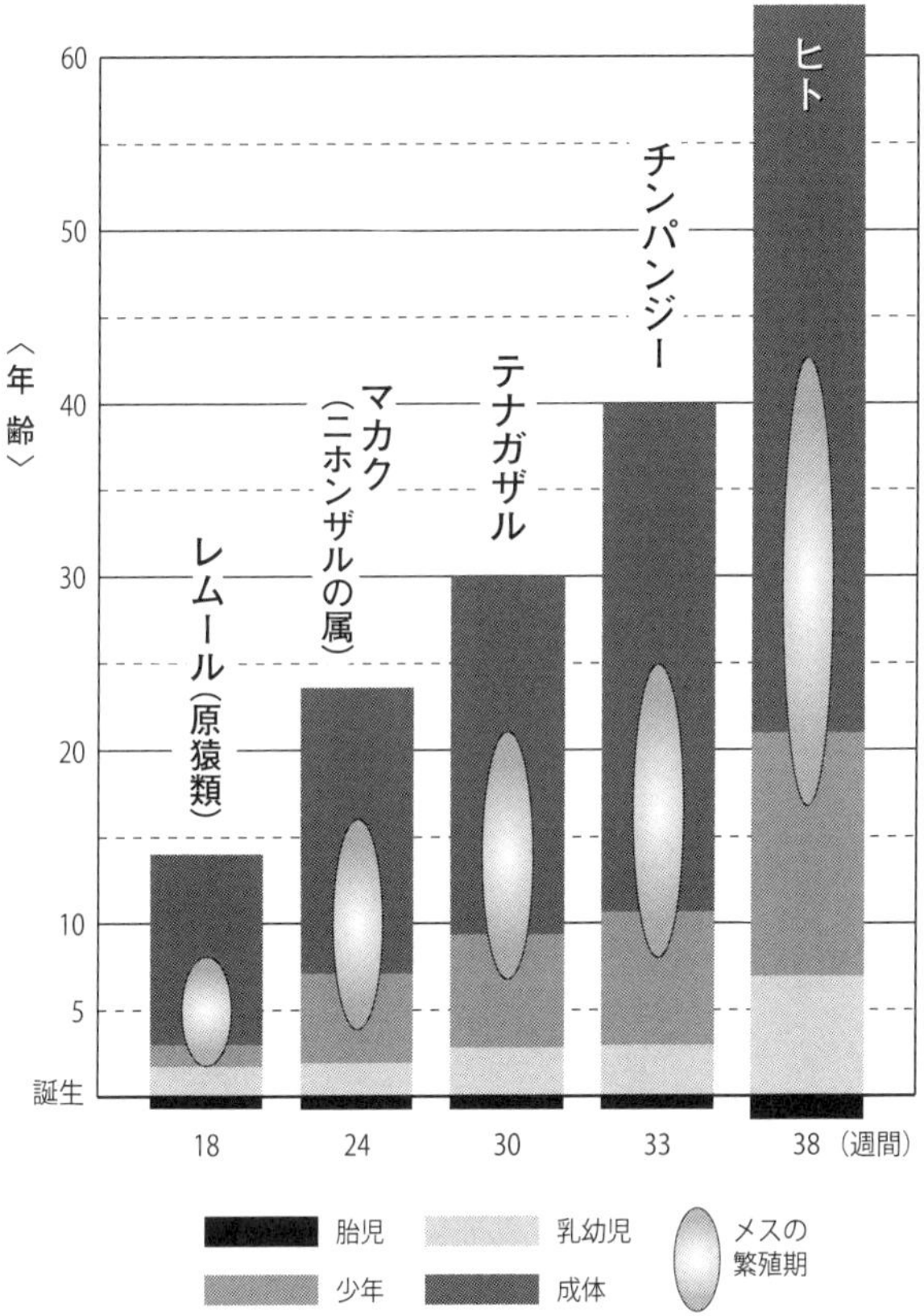

出所：『なぜヒトは学ぶのか―教育を生物学的に考える』図2-3

始まってからごく最近まで、老年期の人たちの持つ知識は、人生の深遠な知恵となって共同体の大切な資源でした。その人たちが、これから文化を学ぼうとする子どもたちに対して、ナチュラル・ペダゴジーと元来の教え好きという性向を持って子育てに関わり、子どもたちの知識学習が促進されました。人間の老人は、知識と知恵を伝えるという重要な役割を果たしていました。

●子ども期の長さと脳の発達の関係

ヒトの脳は生まれて数年で急速に大きくなります。6歳くらいで成人脳のおよそ9割に達し、大人の話もそれなりにわかるようになります。この認知的な成熟度を反映し、歴史上のどの文化でも、6歳くらいになると子どもは社会の一員として位置づけられます（仕事の手伝いをさせられる、学校教育が始まる）。これらは脳の仕組みが「おおむね完成」したことに対応していると考えられます。

●ヒト特有の成長パターン

12歳前後を境に社会的地位が変わり、学習される知識の様式が変化するという現象が、ほぼいかなる文化においても共通に見いだされるのは、ヒトという種に普遍的な生物学的必然性があるためと考えられます。

ヒトの脳は12歳前後で最後の完成段階を全うします。どの時代でもどの文化でも、おおむね12歳頃から、一人前の「大人」として認知されるようになり、狩猟採集社会では通過儀礼を経験することになります。学校教育では中学校という1つ上の階《かい》梯《てい》へと進み、抽象性の高い学術的理解を求められるようになります。

ヒトの身体の成長についての特徴は、乳児期の急激な成長が児童期を通じてひとたび収まりますが、男子では12歳、女子では10歳を越したあたりに、思春期スパートと呼ばれる成長を再度進める現象が見られることです。先に身体の成長よりも脳の成長を優先させて栄養を回し、脳が完成したあとに、一転して身体的完成にエネルギーを振り向ける、そういうストラテジーを選んだ生物がヒトであるのです。

●時間がかかる脳の発達

ヒトはなぜ長い時間をかけて脳を発達させ、さまざまな知識を学習するための時間を生物として確保したのでしょうか。

狩猟採集民たちは、森に生息し彼らの生活資源となる何百種類もの動植物やその生態に関わる気候の変化などに関する複雑な知識や、独自に作り上げたさまざまな文化的習慣、部族の神話や宗教や物語を学習しなければなりません。

脳が1つの文化的共同体に生きる人々をきちんと自立して生かすための知識を学習して使いこなせるようにするためには、12年という時間がどうしても必要だったと思われます。

●他人に教える能力

利他的な理由で他者に知識を伝達するための行動＝教育をする能力が、かなり幼いときから発揮されていることを示す証拠が、近年出始めています。

2歳にならない幼児が、ゲームのルールを知らない大人に向かってルールを教えようとすることが実験的に示されています。同じように他人に教えようとする行動がもっと小さな年齢のときから見られることを示した研究が、相次いで報告されています。

●文化的知識

ヒトはなぜ小さいときから「知識」を教えようとするのでしょうか。しかも、相手が知らない一般的で規範的なルールや知識を、わざわざ教えようとします。これはそのような一般的な知識こそが、文化的知識の本質だからだと思われます。

利他性と言語の起源に関する実験研究で注目されているトマセロは、文化的知識が、模倣学習、教育学習、そして共同学習の3段階を経て発達的に学習されるという理論を提唱しています。

トマセロの理論では、まずは心の理論を獲得したときにできるようになる模倣学習から始まり、教育学習へと進み、その先として、仲間同士で共同で活動するなかで対等の立場でゲームや遊び方のルールを作り出してそれを共有するという、創造性を含んだ「共同学習」の段階に達するとしています。

【心の理論については、本書の75ページに説明があります】

●異年齢集団での教育

子ども同士で小さな社会を作り、そこでルールを創造することができるようになります。そうして作られたルールを新しい仲間に教えていきます。この様子は、狩猟採集民の子どもたちの遊びのスタイルとまさに一致しています。

子どもたちは、たいてい異なる年齢が入り混じって遊んでいます。こうした異年齢集団のなかで、年上の子のしていることを年下の子が模倣する、年上の子が年下の子に教える、そして一緒になって新しいルールを作って共有するという文化伝達がおのずと生ずるようになります。ここでも子ども期の長さが、こうした学習を生じさせる重要な生物学的条件を与えています。

●大人の模倣から学ぶ

子どもの遊びのなかには、大人の生業活動を模倣したものがたくさん含まれています。それが槍《やり》や罠《わな》を使った狩猟ごっこ、農耕民が乗る自動車やバイクを模したおもちゃを作って遊ぶといった行動です。

子どもは日頃、見る機会のある大人たちの振る舞いを、子どもなりに取り込んで

「学習」しています。「学習」という意識はなく、あくまでも「遊び」ですが、そのなかに社会的ルールや技能の学習という要素が埋め込まれています。

こうした社会的学習のあり方は、日本をはじめ、西欧文明でも比較的最近まで日常的に見られていたものでありました。

●知識の透明性

今の子どもたちが、親の職業を自分たちのごっこ遊びに取り入れるという様子は、ほとんど見られません。親の職場が子どものいる所と切りはなされてしまっている場合が多く、子どもにとって大人が生きる姿が「不透明」になっています。

つい最近まで、子どもの身の回りの文化は透明性の高いもの、見てわかるものでした。そこに不透明なものが入り込んできたのが、産業革命以降に導入された科学技術によって大きく発展した機械的・化学的製品の登場でしょう。

見てわかるものは、基本的に教育学習を必要としません。しかし難しい知識、観察や模倣では到達できない知識は、説明や指導を必要とします。教育が高度な組織化を求められ、学校のような教育のための特別な社会的装置が爆発的に普及したのも、18世紀以降の産業革命以後のことです。

●教育が必要な知識とは

教育を考えるうえで難しい問題は、どんな知識が透明で教育によらずとも学ぶことができ、どんな知識が不透明で教育によらないと学習できないかということです。

たとえば、道徳心は普通に友だちや先輩たちとつき合うなかでおのずと学べるもので、授業で教わる必要などないと思われがちです。しかし、自分の住む世界からは想像のつかない生き方をしている人たちとも直接・間接に結びついているのが社会というものなので、そういう社会のなかで道徳的に適切に振る舞うためには、きちんとした道徳教育（自分と異なる生き方をしている人たちの置かれた状況や気持ちを想像でき、そのうえで考えることができるようになるための教育）が必要でしょう。こうした問題は、まだ科学的に解明されていない大問題だと言えます。

以上、安藤氏にしたがって、ヒトは進化的に獲得してきた生物学的特徴を踏まえて学んでいることについて説明してきました。

ヒトが進化的に獲得してきた生物学的特徴を踏まえて学ぶようにできているのであれば、その点を考慮して「学習しやすい状況」を作り出そうという発想が生まれるのです。

学習しやすい状況にマンガが注目される

小林朋道氏は『進化教育学入門—動物行動学から見た学習』（春秋社、2018年）のなかで、「学習しやすい状況」の具体例についてさまざまに考察しています。

以下、小林氏にしたがって、進化に関連した2つの観点から**「マンガ教材」**が効果的である理由を紹介します。

●心＋ビジュアル表現

ミラーニューロンの研究など多くの神経科学や人間行動進化学の研究により、ヒトの脳には相手の心の動きを敏感に読み取ろうとする性質が進化の過程で獲得されてきたことが示されています。

歴史の学習において、ある出来事を提示するときに、関係する人物の思い、感情、真理を盛り込んで提示すれば、脳は自発的に登場人物の心の動きを読み取ろうとし、出来事の内容をより積極的に把握しようとします。

また、ヒトは視覚優位の生物であり、ヒトの脳は視覚的な「人々の顔や姿」を敏感に検知しようとすることが知られています。そのため、文章（文字）よりもマンガ（画像）などのビジュアル表現のほうが、ヒトは理解しやすいことになります。マンガ日本史やマンガ世界史のような学習教材が効果的であることには、このような進化的背景があります。

●文字は生得的ではない

ヒトにとって文字は生得的とは言えないことが、進化の観点から導かれます。

ヒトにとって言語は進化の過程で獲得した重要な適応的性質です。脳内には言語を聞き取り、組み立てるための専用の神経系領域が備わっています。しかし、その神経系領域は、言語を視覚的な記号（文字）で入力するのではなく、聴覚刺激（音声）として入力する仕様になっています。

ヒトが進化の過程で適応してきた環境は、自然のなかでの狩猟採集生活であり、そこでは、言語は聴覚によるものでした。そのため、ヒトは脳内の聴覚中枢を経由して言語を処理する神経回路を備えています。

その一方で、文字が発明されたのはわずか３２００年くらい前のことであり、ヒトの脳内には文字と言語をつなぐ神経回路はもともとは存在していません。脳内神経系の活動を調べる機器を用いた言語研究によって、幼児は物体の形などを認知する神経系で文字を認知し、練習をすることによって、音声と文字をつなげる神経配線を作り出していることがわかっています。その練習がうまくいかなかった場合、ディスレクシア（難読症、読字障害）になります。

一般には、文字を使いこなせるようになったとしても、生得的に脳に備わっている情報処理回路（その１つが、顔の表情も含めた視覚的なヒトの姿の理解）の性能にはかなわないと考えると、文章よりもマンガのほうがヒトには理解しやすいことがわかります。

(2) 医療現場への行動経済学の応用

医療現場に見られるヒトのバイアス

近年、人間行動進化学と共通した人間観を基盤とする行動経済学の知見を応用して、医療現場の諸問題を改善しようという試みが始まり、**「医療行動経済学」**と呼ばれています。

2018年に『医療現場の行動経済学―すれ違う医者と患者』(東洋経済新報社)という、こうした取り組みを真正面から取り上げた書籍が出版されました。編者は行動経済学者の大竹文雄氏と医療心理学者の平井啓氏で、17人の分担執筆となっています。

かつては、医師が患者に正しいと考える治療を施すというパターナリズム型の医療が主流でした。しかし近年は、医師が患者に医療情報を提供したうえで、医師と患者の合意によって治療に関する意思決定を行うという**「インフォームド・コンセ**

ント」方式が望ましいとされています。

インフォームド・コンセント方式が適切に機能するためには、患者が合理的に意思決定を行うという前提が成立している必要があります。しかし現実には、この前提が成立していない場合が少なくないであろうことは容易に想像できます。

本書の第3章で取り上げたように、行動経済学はヒトは合理的な存在とは言えないという前提を踏まえた取り組みを行い、成果を上げてきました。そうすると、行動経済学は経済の現場だけではなく、医療現場にも応用可能ではないかという発想が生まれます。

ここでは初めに、大竹氏・平井氏（2018年）にしたがって、医療行動経済学の内容を紹介します。診療現場での医師と患者のやり取りにおいては、さまざまなバイアスが見られます。

●サンクコスト・バイアス

抗がん剤の副作用が大きくなっているので使用中止を勧める医師に対して、患者が中止を嫌がる例があります。

患者には今、抗がん剤使用を中止するとこれまでの長年の治療が無駄になるという思いがあります。これはサンクコストの誤謬《ごびゅう》です。

サンクコストとは埋没した費用の意味で、過去に支払った費用や努力のうち戻ってこないもののことです。たとえば、払い戻しが不可能なチケットを購入した費用はサンクコストとなります。

人間は、より魅力的な予定が後から入ってきても、すでに購入済みのチケットがもったいないからという理由で、元の予定通りにチケットを使うということをしがちです。しかし、チケットを使っても使わなくても、チケット代は戻ってこないのですから、合理的な選択はチケットを使ったときの満足度と別のことをしたときの満足度だけを比較して、より満足度の高いほうを選ぶのです。

●現状維持バイアス

症状が悪化したので緩和治療の開始を勧める医師に対して、これまで大丈夫であったという理由から患者が緩和治療の開始を拒む例があります。これは患者に現状維持バイアスが発生しているということです。現状維持バイアスの原因の1つは、現在の状態を変えることを損失とみなしてしまうことにあります。

●利用可能性ヒューリスティック

抗がん剤治療を勧める医師に対して、患者が代替治療にすがろうとする例があります。医学的に適切とされる治療法よりも、身近で目立つ情報を優先した判断をしてしまうことは、利用可能性ヒューリスティックによる意思決定だと考えられます。

行動経済学における重要な概念として、人間の意思決定のクセを分類し、まとめたものが次ページの表です。これらは医療行動経済学においても有効である可能性があります。医師と患者の意思決定にはさまざまなバイアスが存在することを踏まえ、行動経済学的特性を用いることで、意思決定の歪《ゆが》みを改善しようという考え方が**「ナッジ」**です。「ナッジ」は英語で「軽く肘《ひじ》でつつく」という意味で、行動をうながすきっかけを与えるというニュアンスがあります。

ノーベル経済学賞受賞者のリチャード・セイラーは、ナッジを「選択を禁じることも、経済的なインセンティブを大きく変えることもなく、人々の行動を予測可能

図6-2 行動経済学における重要な概念

行動経済学的特性	損失回避 現在バイアス 社会的選好（利他性・互恵性・不平等回避）
限定合理性	サンクコスト・バイアス 意志力 選択過剰負荷 情報過剰負荷 平均への回帰 メンタル・アカウンティング
ヒューリスティック	利用可能性ヒューリスティック 代表的ヒューリスティック アンカリング効果（係留効果） 極端回避性 同調効果

出所：『医療現場の行動経済学―すれ違う医者と患者』表2-1

な形で変える選択アーキテクチャーのあらゆる要素を意味する」と定義しています。本書の第3章で説明した行動デザインと重なる概念です。

ナッジを適切に設計（デザイン）することができれば、医師も患者もより良い意思決定ができます。行動経済学における一般的なナッジの種類を目的別にまとめたものが次ページの表です。

大きくは、望ましい行動を活性化するものと自制心を活性化するものに分かれます。そのうえで、外的活性化とは、行動する人に関する外的な条件の設計を工夫するものです。内的活性化とは、行動する人自身に関連する条件を設計することです。どの活性化についても、意識的な場合もあれば、無意識的な場合もあります。

医療行動経済学の研究には2つのタイプがあります。1つは、行動経済学的なクセ（バイアス）が積極的な医療健康行動を促進したり、阻《はば》んだりしていることを明らかにする研究です。もう1つは、逆に行動経済学的なクセ（バイアス）を利用して、積極的な医療健康行動につなげようというナッジの研究です。

行動経済学的なクセ（バイアス）の研究例は以下の通りです。

図6-3 目的別のナッジの種類

		意識的	無意識的
望ましい行動の活性化	外的活性化	税制を簡素化し納税促進 ゴミの投棄をしないように標識の設置	多くの人がリサイクル活動をしていると広報 スピード抑制のために錯視を利用した段差表示
自制心の活性化	外的活性化	自動車の省エネ運転を促進するために燃費計をダッシュボードに設置	不健康な食品を手の届きにくいところに入れる
	内的活性化	飲酒運転を避けるために送迎サービスを事前に予約	お金を別勘定に入れて無駄遣いを防ぐ

出所：『医療現場の行動経済学―すれ違う医者と患者』表2-1

●リスク回避的な人ほど不健康な選択を避け、積極的な医療健康行動を取る傾向があります。具体的には、リスク回避的な人ほど、タバコを吸わない、深酒をしない、肥満でない、シートベルトを着用する、慢性的な疾患を持ちにくい、血圧の管理をきちんとする、歯磨きのときにデンタル・フロスも使うという傾向があります。

●リスク回避的な人ほど積極的な医療健康行動を取るとは必ずしも言えない場合もあります。リスク回避的な人は、乳がん検診を受診しにくい傾向が報告されています。これは、がんが見つかるリスクを避けようとする心理の表れではないかと推測されています。

●せっかちな人（将来の利益を割り引いて評価するという時間割引率が大きな人）や先延ばししがちな人ほど積極的な医療健康行動を取らない傾向があります。このようなタイプの人ほど、タバコを吸う、肥満になるという傾向があり、さまざまな種類の検診や予防接種（歯科検診、乳がん検診、子宮頸《しきゅうけい》がん検査、インフルエンザワクチンなど）に参加しない傾向があります。禁煙や検診受診をすれば健康状態の改善という利益を見込めますが、その利益が発生するのは将来の時点のことが多いとされます。

一方、禁煙の辛《つら》さや検診受診の経費や時間という費用は、それらの行動をした瞬間に発生します。せっかちな人は、将来の健康状態の価値を大きく割り引いて評価する傾向があるため、現時点で発生する費用のほうを大きく感じてしまい、積極的な医療健康行動を取らないという結果となります。

ヒトのバイアスを健康行動につなげる

行動経済学的なクセ（バイアス）を利用して、積極的な医療健康行動につなげようというナッジの研究例は以下の通りです。

●医療健康行動に現在の利益を追加する

せっかちな人の行動を変えるには、現在と将来の利益をより大きくしたり、現在の費用をより小さくしたりすることが効果的であると予想されます。現在の利益を新しく追加することにより、現在の利益が増大するので、将来の利益が割り引いて評価されても、利益の合計が費用を上回る可能性が高まります。

健康増進のための減量プログラムの参加者に賞金の当たる宝くじを毎日提供することで、参加者の目標減量体重を達成する確率が高まったという例が報告されています。賞金の当たる宝くじが、追加される現在の利益に相当します。

●将来的に失われる利益（損失）の大きさを強調する

現在の利益を新たに追加するのではなく、将来の損失（失われてしまう利益）を大きく強調して見せるという方法です。一般的にヒトは、利益に比べて損失を強く感じると言われています。これにより「○○しなければ、健康状態はこれだけ悪くなります」という損失を強調した勧誘のほうが効果的だろうと予想されます。

連絡メールのメッセージ内容と歯科検診の受診率向上との関係を検証した研究では、損失を強調したダイレクト・メールは、単に検診日を通知するメールや女性のきれいな歯の写真つきという利益を強調したメールよりも受診率向上の効果が小さかったのです。

関連研究を踏まえて総合的に判断すると、損失強調のメッセージが必ずしも効果的とは言えません。効果を発揮するための場面設定が限定的であり、他の工夫と組み合わせる必要があるなどの可能性が考えられます。

●コミットメント手段を提供する

自分がいったん選んだ選択肢を後日変えてしまわないような工夫を施す、コミットメントという方法があります。

インフルエンザワクチンの接種日を通知するチラシを配布する際に、月日だけでなく、時間帯まで含んだ詳細なスケジュールを書き込むためのフォームを設けることで、ワクチンの接種率が向上することが報告されています。詳細なスケジュールを組むように働きかけたことで心理的な強制力が生じて、一度選択した行動をのちに変更することなく、遵守《じゅんしゅ》させたのだろうと考えられます。

●デフォルト設定を変更する

多くの人が望ましいと考えている選択肢をあらかじめデフォルト設定にしておくという方法があります。

臓器提供の意思表示が有名な例です。「提供しない」がデフォルトで、提供したい場合に意思表示をする必要がある日本のような国では、提供意思を示している人の割合は10％前後しかありませんが、逆に「提供する」がデフォルトになっているフランスのような国では、提供意思を示している人の割合は１００％近くになります。

行動を予測可能な形で変える「ナッジ」の研究報告

実際の医療現場では、さまざまなナッジが提供される場合が一般的ですが、医療関連のナッジの研究は少なく、よくわかっていない部分が多いのです。

大竹・平井氏の本によれば、第4章で堀謙輔氏（関西労災病院）と吉田沙蘭《さらん》氏（東北大学）は、仮想的なシナリオを用いた調査により、がん医療におけるコミュニケーションにナッジの効果を検証した研究を報告しています。

この研究の内容を、医療関係のナッジ研究の実際を紹介する意味で、以下に示しておきます。

●調査に用いたシナリオの設定は、「がん治療を続けてきたが、医学的に治癒《ちゆ》を目指すことのできる治療はすべて効果がなくなった。現在痛みや息苦しさなどの身体症状は薬で十分にコントロールされており、自宅での日常生活が可能。治療を受けると、吐き気やだるさ、脱毛などの副作用が生じる」というものである。

●シナリオの設定が意味するところは、「これ以上がんを小さくしたり余命延長を目指した治療を続けても、デメリットの方が大きいため、医学的に推奨される判断は、治療を中止して残された時間を有意義に過ごすべき」というものである。

●このシナリオを提示したうえで、シナリオ提示後の医師からの説明内容の違い（284ページ表①～⑤）によって、対象者の回答がどのように異なるのかを検証した。

●「したがって、残念ですが、がんに対する治療をこれ以上行うことはできません」といった治療中止を告げる説明を比較対象（デフォルト）として設定した。そのうえで、ナッジを加えた説明（次ページ表①〜⑤）の場合に、「治療を受ける」と回答する人の割合が、デフォルトの場合と比較して異なるかどうかを検証した。

●その結果、「治療をしないことで、副作用がなくなるだけでなく、退院してご自宅で過ごしたり、外出したりすることができるようになります」という患者自身の利得を付加した場合（次ページ表③）と、「治療を受ける場合、社会保険料（国への負担）が1000万円かかります」という社会的な負担に言及した場合（次ページ表⑤）において、比較対象（デフォルト）の説明の場合よりも、「治療を受ける」と回答した患者の割合が低かった。

図6-4 ナッジを用いた医者の説明例

比較対象	**「治療中止」のデフォルト設定** **残念ですが、がんに対する治療をこれ以上行うことはできません。**もしどうしてもということであれば治療Cもありますが、医学的に十分な効果は示されておらず、副作用が生じます
ナッジを用いた説明	**①直接推奨** 治療Cという方法もありますが、医学的に十分な効果は示されておらず、副作用が生じます。**以上の話をまとめると、残念ですが、私としては、これ以上の治療を行わないことがあなたにとって最善の選択だと考えます**
	②規範の提示 治療Cという方法もありますが、医学的に十分な効果は示されておらず、副作用が生じます。**あなたと同じような状況では、多くの患者さんが、これ以上の治療をしないことを選ばれています**
	③利得の提示 治療Cという方法もありますが、医学的に十分な効果は示されておらず、副作用が生じます。**治療をしないことで、副作用がなくなるだけでなく、退院してご自宅で過ごしたり、外出したりすることができるようになります**
	④利得の提示（他者） 治療Cという方法もありますが、医学的に十分な効果は示されておらず、副作用が生じます。治療をしないことで、副作用がなくなるだけでなく、退院してご自宅で過ごしたり、外出したりすることができるようになります。**そうすることで、あなただけでなく、ご家族にとっても良い時間を過ごすことができると考えられます**
	⑤社会的な負担 治療Cという方法もありますが、医学的に十分な効果は示されておらず、副作用が生じます。**なお、治療を受ける場合、社会保険料（国への負担）が1,000万円かかります**

出所：『医療現場の行動経済学―すれ違う医者と患者』表4-1

●この結果は、「利己的な動機づけ」と「損失回避」という観点から理解できる。利己的な動機づけにより意思決定が行われる場合、人は自分にとっての利益を最大に、損失を最小にしようとする。つまり、患者自身のメリットを強調した説明は、「治療をやめることが自分の利益になる」という理解を促進し、一方、社会負担を強調した説明は、「自分が治療を受けることで損失を生み出し、社会に迷惑をかけることになる」という理解を促したものと考えられる。

●患者自身の利益に加えて、家族の利益についても強調した説明（前ページ表④）では、比較対象（デフォルト）との間に違いがなかった。これは、家族にとっての利益が、患者にとっての利益として感じにくかったためではないかと考えられる。

●医療コミュニケーションにおいてナッジを活用する試みは検討が始まったばかりであり、実際に臨床での活用を推奨できるようになるまでには時間がかかる。

医療健康分野の行動経済学の今後について、佐々木周作氏と大竹文雄氏は本の第3章で、以下のように述べています。

●さまざまな医療健康分野のトピックで行動経済学的な特性の影響を検証していくという方向性

▽これまで、喫煙や肥満のような習慣性の強い行動と行動経済学的な特性に関する研究、ワクチン接種や検診受診のような健康予防行動を対象にした研究が進められてきたが、それらの意思決定の特徴を探究する余地は大きい。

▽医療健康問題の対象別に分析を進めることが必要。行動経済学的な特性は人々の価値観や文化に依存して異なり、また病気の種類によっても異なるだろう。

●患者や患者家族だけではなく、医師や看護師などの医療者を対象にするという方向性

▽医療者の行動経済学的な特性や、その特性と医療行動・看護行動との関係を調

べていくことも重要である。

▽リスクに対する態度には医師と患者の間で大きな違いはないが、時間割引率については医師よりも患者のほうがせっかちなことが報告されている。医師は患者と同じようにリスク回避的だが、患者よりも忍耐強いかもしれない。こうした研究は、インフォームド・コンセントにおける医師と患者の認識の違いを考えるうえで重要である。

▽誤診や医療事故など、医療者の行動の結果を読み解くことにも役立つ。

●長期的かつ安定的に効果を発揮するナッジの開発も進めるという方向性

▽最近、ナッジが有効でない場合があることが指摘されており、改善の余地が大きい。

▽これらの方向性は、主に海外の研究動向から示唆される。過去の研究のうち日本でまだ実施されていないものを踏まえながら、日本国内の研究事例や実践事例を積み重ねていくことが重要である。

(3) 進化の考え方を工学に導入：進化計算と人工知能

生物進化のメカニズムを応用した工学的手法

今日では、生物進化のメカニズムを模倣してデータ構造を変形、合成、選択する工学的手法が発達しており、「**進化計算**」と呼ばれています（伊庭、２０１５年）。まさに、進化の考え方を工学に導入することで作られたものです。

近年、人工知能に対する社会的関心が高まっていますが、進化計算は人工知能の一分野であり、ロボット技術などのさまざまな先端技術に応用されています。

進化計算の目的は、最適化問題の解法や有益なデータ構造の生成です。その代表例が遺伝的アルゴリズム（Genetic Algorithms, GA）です。

最適化問題とは、ある制約条件のもとに、与えられた評価関数（目的関数）を最大または最小にするような方策を見いだすことです。

ここで、出張のために目的地へと移動することを考えてみましょう。こうした場合、目的地までの移動手段の案（候補）として、バイク、自動車、電車、飛行機などさまざまなものが考えられます。また、経由地がある場合は、複数の移動手段を組み合わせる必要もあるでしょう。

移動手段の決定には、通常何らかの制約がかかっています。制約としては、たとえば、時間（何時までに到着しなければならない）、費用（出張の交通費に制限がある）、経由地（途中で立ち寄る必要がある）などです。

こうした条件下で、移動手段を決定する基準として何らかの評価関数（意思決定基準）を用います。それにより、移動手段の案の善《よ》し悪《あ》しの評価がなされます。

たとえば、時間を評価関数として、所要時間が短いほど善しとすれば、飛行機や新幹線を含んだ案が最適解となるでしょう。評価関数を費用として、少ない費用ほど善しとすれば、夜間の高速バスを含んだ案が最適解となりそうです。

こうした交通手段の例は、比較的単純なものですが、要素が増えて、条件が複雑になると、最適化問題を人間が解くことは難しくなり、コンピュータで処理すべきということになります。

遺伝的アルゴリズムは自然選択のプロセスを模倣

遺伝的アルゴリズムは生物進化における自然選択のプロセスを模倣しています。ここに、ある最適化問題の解の候補が複数あるとします。1つの解の候補を1個の遺伝子型に置き換えて考えます。そうすると、すべての解の候補の集合は、個体群に対応することになります。何らかの評価関数によって、各個体（遺伝子型）の適応度を算出します。

これにより、どの解が生き残るかが決定されます。生き残った個体（遺伝子型）について、遺伝子組み換え（交叉《こうさ》）と突然変異を生じさせ、新しい個体（遺伝子型）を出現させます。その後、再び、評価関数によって個体群のなかの各個体（遺伝子型）の適応度を算出します。

この操作を繰り返すことで、より高い適応度を持つ個体（遺伝子型）が生き残っていくことになります。こうして得られた個体（遺伝子型）は、最適化問題の優れた解となっているというわけです。

遺伝的アルゴリズムの応用は幅広いものです。新幹線のＮ７００系は従来の新幹線よりも高速ですが、それゆえに生じる騒音が問題となりました。この問題を解決するために遺伝的アルゴリズムによるフロントノーズの形状の最適化が行われ、現在の形状を得ることに成功しました。

また、巡回セールスマン問題と呼ばれる問題があります。これは、１人の人間（セールスマン）が複数の都市を訪問する際の最短経路を求める問題です。最短経路の探索は電子回路の設計において重要な問題となっており、遺伝的アルゴリズムを用いた電子回路の自動設計技術が開発されています。

これらの例以外にも、工学や計算機科学の関わる領域で、遺伝的アルゴリズムはさまざまな用途に利用されています。

(4) 進化的思考で社会を変える

これまで本書を通じて、人間行動進化学、行動経済学、進化医学と言った、ヒトの身体だけではなく心理や行動も進化の産物とみなすという観点に基づいた研究分野を取り上げ、その成果について説明してきました。また、進化という観点が人工知能などの工学や計算機科学の分野と関係することも見てきました。

進化的思考は、すでに人間の理解、自然界の理解に役立つという段階を超えて、今日の私たちが直面するさまざまな社会的課題を解決したり、是正したりするための手段やデザインの設計に応用されるまでに至っています。

こうした、社会的課題としては、第3章で見たジェンダー差別やマイノリティー差別のほか、本章で取り上げた、教育の問題、医療現場の問題が挙げられます。

ジェンダー差別に関しては、行動経済学に基づく成果がすでに報告されています。医療現場の問題については、医療行動経済学の研究が本格化しています。教育の問題についても、いよいよ進化教育学と呼ばれる取り組みが始まりました。今後、より適した教育手法の開発や、教材開発、いじめ問題解決などに、進化教育学が貢献することが期待されます。

進化的思考に基づいて社会を変える時代がいよいよ本格的に到来したと言えるでしょう。

【引用文献】

- 安藤寿康、２０１８年、『なぜヒトは学ぶのか　教育を生物学的に考える』講談社
- 伊庭斉志、２０１５年、『進化計算と深層学習　創発する知能』オーム社
- 大竹文雄、平井啓、２０１８年、『医療現場の行動経済学─すれ違う医者と患者』東洋経済新報社
- 小林朋道、２０１８年、『進化教育学入門：動物行動学から見た学習』春秋社
- Strauss, S., and M. Ziv. 2012. Teaching Is a Natural Cognitive Ability for Humans. Mind, Brain, and Education 4: 186–196.
- Tomasello. M. 1999. The Human Adaptation for Culture. Annual Review of Anthropology 28: 509-529.
- Yoshida, S., K. Hirai, S. Sasaki and F. Ohtake. How does the frame of communication affect patients decision? : from behavioral economics' point of view. 19th World Congress of Psycho-Oncology Berlin 8/18; 2017.

〈著者プロフィール〉

小松 正（こまつ・ただし）

博士（農学）、小松研究事務所代表、多摩大学情報社会学研究所客員教授。

1967 年北海道札幌市生まれ。北海道大学大学院農学研究科博士課程修了。

日本学術振興会特別研究員、言語交流研究所主任研究員を経て、2004 年に小松研究事務所を開設。大学や企業等と個人契約を結んで研究に従事する独立系研究者（個人事業主）として活動。専門は生態学、進化生物学、データマイニング。

著書に『いじめは生存戦略だった!? ～進化生物学で読み解く生き物たちの不可解な行動の原理』（秀和システム）、『情報社会のソーシャルデザイン～情報社会学概論 II』（共著、NTT 出版）、『進化生物学』（共訳、蒼樹書房）などがある。

〈装丁〉常松靖史［TUNE］
〈本文イラスト〉浅川りか
〈本文 DTP & 図版〉沖浦康彦

社会はヒトの感情で進化する

2019年5月18日　　初版発行

著　者　小松　正
発行者　太田　宏
発行所　フォレスト出版株式会社
〒162-0824 東京都新宿区揚場町2-18　白宝ビル5F
電話　03-5229-5750（営業）
　　　03-5229-5757（編集）
URL　http://www.forestpub.co.jp

印刷・製本　中央精版印刷株式会社

ISBN978-4-86680-801-7　Printed in Japan